Ullmann · Ernst Florens Friedrich Chladni

H0257552

1 Ernst Florens Friedrich Chladni
(30. 11. 1756–3. 4. 1827)

Biographien
hervorragender Naturwissenschaftler,
Techniker und Mediziner   Band 65

Ernst Florens Friedrich Chladni

Dr. Dieter Ullmann, Berlin

Mit 10 Abbildungen

BSB B. G. Teubner Verlagsgesellschaft · 1983

Herausgegeben von
D. Goetz (Potsdam), E. Wächtler (Freiberg), H. Wußing (Leipzig)
Verantwortlicher Herausgeber: D. Goetz

Umschlagsfoto:
Ernst Florens Friedrich Chladni. Nach einer Lithographie von Ludwig von Montmorillon. (Original im Besitz der Deutschen Staatsbibliothek Berlin, DDR.)

Abbildung im Frontispiz:
Ernst Florens Friedrich Chladni. Titelvignette aus „Allgemeine musikalische Zeitung (Leipzig)", Band 10 (1808), nach einem Kupferstich von Friedrich Wilhelm Bollinger. (Foto: Deutsche Staatsbibliothek Berlin, DDR.)

ISBN 978-3-322-00608-0   ISBN 978-3-322-93038-5 (eBook)
DOI 10.1007/978-3-322-93038-5

© BSB B. G. Teubner Verlagsgesellschaft, Leipzig. 1983
1. Auflage
VLN 294-375/45/83 · LSV 1108
Lektor: Hella Müller

Gesamtherstellung: Elbe-Druckerei Wittenberg IV-28-1-542
Bestell-Nr. 666 143 7

DDR 4.80 M

Inhalt

Für

Stefan,
Veronika
und
Christoph

Vorwort

Dieses scheint die Hauptaufgabe der Biographie zu sein, den
Menschen in seinen Zeitverhältnissen darzustellen.

Goethe

Der Name des Wittenberger Physikers Ernst Florens Friedrich
Chladni ist eng verbunden mit den von ihm entdeckten Klangfiguren. Mit dieser Methode der Sichtbarmachung des Schwingungsverhaltens elastischer Körper ist aber seine Bedeutung für
die Wissenschaft keineswegs erschöpft. Durch experimentelle
Untersuchungen in fast allen Teilen der Akustik und die erste
systematische Darstellung dieses Zweiges der Physik als Lehre von
den Schwingungen elastischer Körper wurde er zum „Vater der
Akustik". Die Anwendung der Gesetzmäßigkeiten von Stabschwingungen führte ihn zum Bau zweier neuartiger Instrumente,
so daß der Name Chladni auch in der Musikinstrumentenkunde
von Bedeutung ist.
Chladnis Art, an ein unbekanntes wissenschaftliches Problem
systematisch heranzugehen, ließ ihn auch auf einem ganz anderen
Forschungszweig zu tiefen Einsichten kommen. Mit der Theorie
vom kosmischen Ursprung der Meteorite wurde er zum Begrün-
der der Meteoritenkunde. Schon zu seinen Lebzeiten wird Chladni
„Vater der wissenschaftlichen Meteorsteinkunde" genannt.
Die vorliegende Schrift soll zeigen, daß Chladnis Entdeckungen
keine zufälligen Einzelergebnisse waren, sondern daß die Zeit
für die Lösung dieser Probleme reif war. Seine Erkenntnisse
legten zugleich den Grundstein für weiterführende Arbeiten.
Chladnis Publikationen und Erfindungen zeichnen sich, wie schon
sein Zeitgenosse und Herausgeber der „Annalen der Physik"
Ludwig Wilhelm Gilbert schreibt, „durch das Gepräge der Ein-
fachheit" aus.
Vor fast einhundert Jahren erschien die letzte größere Chladni-
Biographie. Inzwischen sind durch Originalarbeiten und Brief-
publikationen weitere Einzelheiten aus Chladnis Leben und Werk
bekannt geworden. Der Verfasser konnte aus einer Fülle von
Einzelmaterial schöpfen, das nur teilweise im Literaturverzeichnis
angegeben werden konnte.

Viele Bibliotheken und Museen in der DDR haben mir durch die Einsichterlaubnis in Briefe und durch Bereitstellung von Abbildungen sehr geholfen. Besonders erwähnen möchte ich in diesem Zusammenhang das Museum für Naturkunde der Humboldt-Universität Berlin, das Musikinstrumentenmuseum der Karl-Marx-Universität Leipzig sowie die Handschriftenabteilungen der Universitätsbibliotheken Leipzig und Halle und der Sächsischen Landesbibliothek Dresden. Darüber hinaus bin ich zahlreichen Personen zu besonderem Dank verpflichtet. Herr Dr. Johann Dorschner (Universitätssternwarte Jena) beriet mich bei der Darstellung des aktuellen Standes der Meteoritenforschung. Herr Oswald Karius (Wittenberg) gab mir Auskünfte über die Eigentumsverhältnisse an Chladnis Elternhaus. Herr Dr. Gerhard Kluge (Friedrich-Schiller-Universität Jena, Sektion Physik) informierte mich über den Stand der theoretischen Behandlung von Biegeschwingungen. Herr Dr. Walter Wessel (Akademie der Wissenschaften der DDR, Institut für Mathematik, Berlin) sowie Frau Prof. D. Goetz (Potsdam) und Herr Prof. G. Hoppe (Museum für Naturkunde, Berlin) haben das gesamte Manuskript kritisch gelesen. Für ihre wertvollen Hinweise zur Verbesserung des Manuskriptes schulde ich ihnen Dank.
Dem Lektorat des Teubner-Verlages danke ich für die gute Zusammenarbeit.

Berlin, im Februar 1982   Dieter Ullmann

8

Kindheit, Jugend und Studienjahre

Das ganze Wesentliche des Menschen ist seine Vervollkomm-
nungsfähigkeit, und alles in seiner Organisation darauf berechnet, nichts zu sein, und alles zu werden.

C. W. Hufeland

Stadt und Universität Wittenberg hatten in der Mitte des 18.
Jahrhunderts längst nicht mehr die Bedeutung, die sie zweihundert
Jahre früher einmal besessen hatten; die Studentenzahl lag trotz-
dem immer noch über dem Durchschnitt der deutschen Universi-
täten. Die Stadt mit etwa 5 000 Einwohnern beherbergte fast 800
Studenten. Der Siebenjährige Krieg brachte jedoch einen Tief-
punkt. Die Studentenzahl sank unter 400, und die Stadt erlitt
in den Kampfhandlungen schwere Zerstörungen. Nach diesen Zeiten des Niedergangs zeichnete sich dank der Tätigkeit bedeutender
Rechtsgelehrter besonders‚ die juristische Fakultät durch einen
neuen Aufschwung aus. Als Ordinarius dieser Fakultät wirkte
Ernst Martin Chladni. Ihm und seiner Ehefrau Johanna Sophia
geb. Clement wurde am 30. November 1756 im Renaissance-
haus Mittelstraße 5 (Abb. 2) ein Sohn geboren, der die Vornamen
Ernst Florens Friedrich bekam. Eine später geborene Tochter
starb 5 Monate nach der Geburt, und Ernst Florens Friedrich
wuchs als Einzelkind auf. Chladnis Elternhaus gehörte zu den
privilegierten Professoren-Grundstücken mit Wasserleitung, bei
der mittels hölzerner Röhren frisches Trinkwasser von den nächsten Fläminghöhen ins Haus kam.
Die Vorfahren der Familie stammen aus Kremnica in der Slowa-
kei. Der Urgroßvater von Ernst Florens Friedrich Chladni verließ
1673 seine Heimat, um den Verfolgungen der Protestanten unter
Leopold I. zu entgehen. Er war Pfarrer, und auch sein Sohn
studierte Theologie; dieser wurde 1719 Propst an der Schloß-
kirche in Wittenberg. Nach der Sitte der damaligen Zeit wurde
der Familienname zu Chladenius latiinisiert. In den lateinisch
geschriebenen Dissertationen von Ernst Florens Friedrich tauchte
diese Namensform das letzte Mal auf.
Die Erziehung im Hause der Eltern war sehr streng. Das Kind
durfte nur in Begleitung Erwachsener auf die Straße gehen, und

2 Geburtshaus Chladnis. Wittenberg, Mittelstr. 5 (rechts)

lediglich bei schönem Wetter wurde ihm das Spielen in dem großen Garten, der sich noch heute hinter dem Grundstück erstreckt, erlaubt, wozu er aber keine Spielgefährten einladen durfte. An dieser Lage änderte sich nichts, als die Mutter 1761 starb und der Vater eine zweite Ehe mit Johanna Charlotte Greipziger einging. Da diese kinderlos war, blieb Ernst Florens Friedrich Einzelkind.

Der Schulunterricht wurde von verschiedenen Lehrern im Hause erteilt, und das Kind verblieb auch dadurch ohne Altersgefährten. Chladni äußerte sich sehr bitter über diese Zeit:

Schon damals fuhlte ich, daß diese Beschränkung nicht notig war, und nicht für mich paßte, da ich keine Neigung zu Unordnungen oder zur Untätigkeit hatte; es ward auch dadurch ganz das Entgegengesetzte bewirkt, namlich desto mehr Neigung zu einer Unabhangigkeit, bei welcher ich meine Verhältnisse und Beschäftigungen selbst bestimmen konnte. [12, S. 298]

Das Kind war in Gedanken viel auf Reisen, betrachtete sich gern Landkarten und las Bücher geographischen und astronomischen Inhalts. Der Wunsch, ein Musikinstrument zu erlernen, wurde ihm mit der Begründung abgelehnt, eine solche Beschäftigung würde es von wichtigeren Dingen zu sehr ablenken.

10

Chladni erlebte noch härtere Einengungen, als er am 8. Mai 1771 auf die Fürstenschule nach Grimma geschickt wurde. Die sächsischen Fürstenschulen, zu denen außer Grimma noch die Schulen in Meißen und Schulpforte (im heutigen Kreis Naumburg) gehörten, waren nach der Reformation in aufgelösten Klöstern eingerichtet worden, um durch eine zielgerichtete Erziehung und Bildung der Jugend den sächsischen Staat mit Beamten, protestantischen Predigern und Gelehrten zu versorgen. Entsprechend den Bildungsidealen der Reformation und später auch der Aufklärung waren die Schulen in der damaligen Zeit durchaus Stätten fortschrittlicher Ideen, und eine große Zahl bedeutender Männer haben hier das Rüstzeug für ihr künftiges Wirken erhalten. Die Grimmaer Schule, die heutige EOS „Ernst Schneller", hatte schon Chladnis Großvater besucht. Neben den Schülern, die im Internat lebten, gab es noch eine kleine Zahl Externer, die im Hause der Lehrer wohnten. Zu dieser Gruppe gehörte auch Chladni. Er lebte bei dem damaligen Konrektor der Schule, Johann Heinrich Mücke, dem Chladni später kein gutes Zeugnis ausstellte. Dieser war zwar ein guter Altphilologe, aber sonst galt für ihn, daß er

... durch Hypochondrie und durch ängstliche Gewissenhaftigkeit in allem, was er für Pflicht hielt, verleitet wurde, mich, sowie seine übrigen Pflegebefohlenen in möglichster Einschränkung zu halten und jedes noch so kleine Versehen allzustreng zu ahnden. [5, S. XV]

Ganz ähnlich wie Chladni erging es übrigens auch seinem Mitschüler Christian Gottfried Körner, der mit ihm als Externer bei Mücke wohnte. Dieser war später befreundet mit Friedrich v. Schiller und Wilhelm v. Humboldt; er ist der Vater des Dichters Theodor Körner. Körner hatte eine ähnliche Kindheit wie Chladni gehabt und litt ebenfalls unter der Strenge des Lehrers Mücke.
Anders war es aber um die Schüler im Internat bestellt. Sie unterstanden unmittelbar dem Rektor der Anstalt, und durch das Zusammenleben im Alumnat konnte die strenge Schulzucht leichter ertragen werden. Rektor der Schule zu Zeiten Chladnis war der aus Buttelstedt (im heutigen Kreis Weimar) stammende Johann Tobias Krebs, der jüngere Bruder des Bachschülers Johann Ludwig Krebs. Er war Altphilologe, nebenbei ein guter Musiker und hatte liberale pädagogische Ansichten; der gute Ruf der Schule in der damaligen Zeit war zum Teil sein Verdienst. Es

ist ziemlich sicher, daß Chladnis Neigung zu Musik und Akustik durch Krebs wesentlich gefördert wurde, obgleich das nirgends vermerkt ist. Der ungünstige Einfluß Mückes war wohl zu stark und hat in den Erinnerungen Chladnis alles andere überdeckt.
Chladnis Schulzeit in Grimma dauerte bis zum 21. März 1774. Wenn man nach einer freudlosen Kindheit noch mehrere Jahre unter der persönlichen Aufsicht eines allzustrengen, humorlosen und engherzigen Lehrers verbringen mußte, so konnte das nicht ohne negativen Einfluß auf das nachfolgende Leben bleiben.
In der Wahl des Studienfaches folgte Chladni den Vorstellungen seines Vaters. Für den Ordinarius und. erfolgreichen Juristen stand fest, daß der Sohn denselben Beruf ergreifen mußte. Der Sohn hatte jedoch wenig Lust und Neigung dazu. Er hätte sich gern mit Naturwissenschaften beschäftigt und versuchte als Kompromiß, vom Vater die Zustimmung zu einem Medizinstudium zu erlangen. Doch stieß er damit auf Ablehnung. Er fügte sich schließlich dem Willen des Vaters und bezog so 1776 die Universität Wittenberg als Student der Rechte. Der Vater gab aber nun endlich die Erlaubnis zur Erfüllung des alten Wunsches, das Klavierspiel zu erlernen. Zur Meisterschaft wird es Chladni in diesem Alter nicht mehr gebracht haben, aber die Beschäftigung mit Musik und verschiedenen musiktheoretischen Schriften, z. B. denen von Friedrich Wilhelm Marpurg, sind für seine spätere Wirksamkeit als Akustiker bedeutsam gewesen.
Chladni wurde selbst als junger Student im Elternhaus unter strenger Aufsicht gehalten. Jetzt regte sich aber bei ihm der Wille immer stärker, durch den Wechsel der Universität sich dieser ständigen Beeinflussung zu entziehen. Er schaffte es wirklich, von seinem Vater die Einwilligung zu erhalten, seine Studien in Leipzig zu beenden. Chladni betonte in seinen autobiographischen Skizzen, daß er in seiner Leipziger Zeit seine gewonnene Freiheit' aber in keiner Weise „gemißbraucht" 'habe. Für sein späteres Wirken von Bedeutung waren auch die akustischen Schriften des Professors der Physik Christlieb Benedikt Funk, von 1763–1773 Kantor an der Nikolaikirche in Leipzig und .1781 Rektor der Leipziger Universität. Der Stand der Experimentalphysikvorlesungen durch Funk war relativ hoch, und es gab in Leipzig die Möglichkeit, physikalische Instrumente auch aus den berühmten holländischen Werkstätten zu beziehen. Das reiche Musikleben

der Stadt – ab 1781 gab es öffentliche Konzerte im Gewand-
haus – wird dem kunstinteressierten jungen Jurastudenten ebenfalls viele Anregungen gegeben haben. Mit zwei Dissertationen,
einer philosophischen (1781) und einer juristischen (1782), beendete Chladni erfolgreich sein Studium und kehrte nach Wittenberg
zurück.
Bei dem Ansehen und der Stellung des Vaters, nicht zuletzt auch
wegen seiner natürlichen Begabung, war nun dem jungen Rechts-
gelehrten die Laufbahn eines sicher erfolgreichen Juristen vorge-
zeichnet gewesen. Die Dinge entwickelten sich jedoch ganz anders, denn mit dem Tod des Vaters 1782 endete dessen Bevor-
mundung und Verfügungsgewalt, und Chladni konnte nun unge-
stört seiner Neigung zu den Naturwissenschaften nachgehen.

Arbeitsjahre in Wittenberg

... die Kunst, zu malen mit Tonen.

C. M. Wieland

Als Chladni nach Beendigung seines Studiums nach Wittenberg zurückkam, war die Mathematik an der Universität durch die beiden Professoren Johann Ernst Zeiher und Johann Jakob Ebert vertreten. 1784 starb Zeiher, und Chladni bewarb sich um die frei gewordene Stelle. Seine wirtschaftliche Situation war nicht die beste. Er hatte keine feste Anstellung, und das Vermögen, das der Vater nach seinem Tode hinterließ, war äußerst gering. Chladni lebte von dem, was seine Stiefmutter besaß. Die Hoffnungen, mit der Erlangung der zweiten mathematischen Professur seine wirtschaftliche Lage zu verbessern, erfüllten sich aber nicht, da die Stelle nicht wieder besetzt wurde. Eine Physikprofessur hatte schon vorher nur ein Gelehrter inne; dies war bis 1796 Johann Daniel Titius, der die später unter dem Namen Titius-Bodesche-Reihe bekannt gewordene Abstandsformel für die mittlere Entfernung a der Planeten von der Sonne fand. Wird a in astronomischen Einheiten AE gemessen (1 AE = mittlere Entfernung Erde-Sonne), so gilt nach Titius die Formel $a = 0,4 + 0,3 \cdot 2^n$. Für Merkur ist $n = -\infty$, für Venus $n = 0$, für die Erde $n = 1$, für Mars $n = 2$, für Jupiter $n = 4$, für Saturn $n = 5$ und für Uranus $n = 6$. Die Lücke bei $n = 3$ spielt für Chladnis spätere Meteoritentheorie eine Rolle, wie wir noch sehen werden.

Um nicht ganz mittellos zu sein, kündigte Chladni vom Wintersemester 1783 bis zum Sommersemester 1789 unter den Dozenten der juristischen Fakultät und ab Wintersemester 1789 bis zum Sommersemester 1792 in der philosophischen Fakultät Vorlesungen an, jedoch vorwiegend nicht über juristische Gegenstände, sondern über mathematische Geographie, Mechanik und Theorie der Musik. Wir wissen nicht, wie groß seine Hörerzahl war und welche Resonanz er hatte. In seiner Wohnung begann er mit akustischen Experimenten und beschäftigte sich besonders mit der Untersuchung der Biegeschwingungen von Glas- und Metallplatten und von Stäben.

Chladni war sich der Tatsache bewußt, daß die experimentelle

Grundlage der Akustik weniger entwickelt war als etwa die der
Mechanik oder der Elektrizitätslehre. Aufgrund seiner Musikali-
tät und seines guten Gehörs war er wie kein anderer dazu geeignet, auf diesem Gebiet erfolgreich tätig zu sein. Man darf
aber die Ursachen für die im Anschluß an Chladni überall intensiv einsetzende experimentelle Akustik nicht nur in den persönlichen Umständen sehen.
Ein Wissenschaftszweig entwickelt sich nicht isoliert von der
Umwelt, vielmehr spielt die Wechselwirkung einer wissenschaftlichen Disziplin mit der Produktion und Reproduktion der ma-
teriellen und der ideellen Grundlagen des gesellschaftlichen Lebens eine fundamentale Rolle. Die Mitte des 18. Jahrhunderts
zeichnet sich durch einen Aufstieg des Bürgertums auf allen
Gebieten des gesellschaftlichen Lebens aus. Die neue Klasse war
im Begriff, das alte feudalabsolutistische System abzulösen. Der
wachsenden ökonomischen Bedeutung des aufsteigenden Bürgertums entsprechen auch steigende Interessen auf wissenschaftlichem
und künstlerischem Gebiet. Die Aufklärung, die besonders in
Frankreich, aber auch in England und Deutschland bedeutende
Vertreter hatte, lieferte das geistige Rüstzeug für den Emanzi-
pationsprozeß der bürgerlichen Klasse.
Diese Entwicklung konnte natürlich nicht ohne Einfluß auf die
Musikkultur bleiben. Sieht man auf das Musikleben der zweiten
Hälfte des 18. Jahrhunderts, dann erkennt man, daß es durch
das Wirken einer überaus großen Zahl bedeutender Komponisten
ein wichtiger Faktor des gesellschaftlichen Lebens geworden war.
Auf der Grundlage der Aufklärung hatten sich neue künstlerische
Anschauungen entwickelt. Die Pflege der Hausmusik und des
Volksliedes nahm einen großen Aufschwung, und das Konzert-
wesen löste sich aus der engen Bindung an den Hof und bekam
auch öffentlichen Charakter. Auf die Gewandhauskonzerte in
Leipzig ab 1781 wurde schon hingewiesen; Halle besaß seit 1758
ein wöchentliches Konzert, und in Berlin wurde 1790 die Singakademie gegründet. Das sind nur einige Beispiele. In Deutschland entwickelte sich eine nationale Musikkultur vor allen Dingen
auf dem Boden der bürgerlichen Musikpflege, an den Höfen
gaben jedoch italienische Musiker den Ton an. Durch die Meister
z. B. der Mannheimer Schule vollzog sich eine Orchesterreform,
aus der schließlich das klassische Orchester als dynamischer

Klangkörper hervorging. Violinen, Querflöten, Hörner und die
neu eingeführte Klarinette gaben dem neuen Stilgefühl künst-
lerischen Ausdruck; die zur Bedeutung gelangende klassische
Sonatenform war der Rahmen für eine Ablösung der Starre des
Barockorchesters durch größere Beweglichkeit im Ausdruck. Die
Instrumentierung wurde jetzt differenzierter, und die Bläser tra-
ten als selbständige Gruppe in Erscheinung. Parallel zu dieser
Entwicklung war der Instrumentenbau zu hoher Blüte gelangt.
Eine beachtliche Zahl neuer Erfindungen führte zu Verbesserun-
gen an bewährten Musikinstrumenten und zur Konstruktion ganz
neuer. Spielte in diesem Bereich von jeher praktische Erfahrung
und Werkstattüberlieferung die Hauptrolle, so war doch eine
Weiterentwicklung ohne Kenntnis der physikalischen Zusammenhänge bei der Tonerzeugung schlechterdings nicht möglich.
Hier war Chladni genau der Mann, der durch seine Begabung
und durch seine ausgedehnten Untersuchungen zum Initiator der
experimentellen Akustik wurde. Um seine Leistungen richtig
würdigen zu können, ist ein kurzer historischer Rückblick nötig.
Im Zusammenhang mit den gesellschaftlichen Entwicklungen im
16. bis 18. Jahrhundert setzte die Wissenschaftliche Revolution
ein, die eine Neuorientierung auch auf dem Gebiet der Akustik
brachte und Erkenntnisse ergab, die über das, was die Antike
über Schall wußte, weit hinausgingen.
Galileo Galilei beschrieb in seinem physikalischen Hauptwerk
„Discorsi“ (1638), das wie sein früheres Buch „Dialogo“ in Form
einer Diskussionsrunde aufgebaut ist, am Ende des 1. Tages
Versuche, die für die Akustik von großer Bedeutung sind. Am
Beispiel der Saite wird die Erscheinung der Resonanz erklärt;
wenn man auf eine Viola ein mit Wasser gefülltes Glas setzt,
so kann man bei Resonanz zwischen Saite und Glas das Mit-
schwingen direkt an den Wellen der Wasseroberfläche sehen.
Galilei fand für die Frequenz der Saitenschwingung eine Formel,
nach der die Schwingungszahl umgekehrt proportional zur Länge
der Saite und zum Saitendurchmesser und direkt proportional zur
Quadratwurzel der Spannkraft ist. Mit aller Deutlichkeit wurde
auch erkannt, daß für die Tonhöhe die Zahl der Schwingungen
maßgebend ist.
Das erwähnte Gesetz für die Frequenz der Saitenschwingung
wurde etwa zur selben Zeit auch von dem Franzosen Marin

Mersenne gefunden, der sich außer mit Fragen der Akustik auch
mit Mechanik, Optik und Mathematik beschäftigt hat. Eine der
ganz großen Leistungen Mersennes war die erste Messung der
Schallgeschwindigkeit in Luft. Bis dahin hatte man keinerlei
feste Vorstellungen über die Größe dieses Wertes. Das Meß-
prinzip ergab sich aus der Beobachtung, daß man beim Schuß
einer entfernten Kanone erst das Mündungsfeuer sieht und dann
viel später den Schall hört. Durch Messen des Abstandes zwischen
Kanone und Beobachter und der für die Schallausbreitung erforderlichen Zeit erhielt Mersenne den noch recht ungenauen
Wert von 448,5 m/s für die Schallgeschwindigkeit in Luft. In
der Folgezeit sind diese Messungen als ein wichtiger Fragenkomplex der experimentellen Akustik oft wiederholt worden. Größere
Meßgenauigkeiten ergaben immer bessere Werte für die Fortpflanzungsgeschwindigkeit, wobei später auch Faktoren wie Wind-
richtung, Luftdruck und Temperatur Berücksichtigung fanden.
Bis zum Auftreten Chladnis waren diese Werte für Luft die
einzigen, die man kannte. Für andere Gasarten und für feste oder
flüssige Substanzen gab es noch keine Messungen.
Mersenne erkannte auch schon die Bedeutung der Obertöne und
sagte, daß bei Saitenschwingungen ihre Frequenzen im Verhältnis
1:2:3:4: ... stehen. Er beschrieb ferner bei Orgelpfeifen das erste
Mal die Erscheinung der Schwebungen, ein Phänomen, das dann
auftritt, wenn die Frequenzen zweier Schallwellen nur wenig
differieren. Man hört in diesem Fall eine amplitudenmodulierte
Schwingung, die sogenannte Schwebung, bei der die Frequenz
der Schallintensität sich aus der Differenz der Frequenzen der
beiden Schallwellen ergibt. Je besser also die Übereinstimmung
der beiden Töne ist, um so langsamer sind die Schwebungen.
Das Schwebungsphänomen wurde aber erst durch den Franzosen
Joseph Sauveur, den letzten großen Experimentator der Akustik
vor Chladni, um 1700 genauer untersucht. Er arbeitete intensiv
am zweiten Fragenkomplex der experimentellen Akustik der damaligen Zeit, der Ermittlung der absoluten Frequenzen der Töne.
Bis dahin kannte man über das Monochord, das schon in der
Antike benutzt worden war, nur Frequenzverhältnisse. Durch
Abstimmung zweier Orgelpfeifen auf ein musikalisches Intervall,
dessen Frequenzverhältnis über das Monochord bestimmt war,
und durch Messung der Schwebungen erhielt Sauveur die ersten

genaueren absoluten Tonfrequenzen, nachdem sich auch auf diesem Gebiet schon Mersenne – jedoch mit recht ungenauen Ergebnissen – versucht hatte.

Von Sauveur stammen übrigens die noch heute benutzten Begriffe Schwingungsknoten und Schwingungsbauch für die Stellen verschwindender und maximaler Schwingungsamplitude.

Nach einer Idee von Athanasius Kircher (1643) befestigten Otto v. Guericke und Robert Boyle im Rezipienten eine Glocke, die sie zum Schwingen erregten, und pumpten den Rezipienten luftleer. Dabei hörte man den Schlag der Glocke immer schwächer. Das ergab den Beweis, daß Schall – im Unterschied zu Licht – zur Ausbreitung ein Medium braucht.

Der experimentelle Nachweis der Flageolettöne glückte 1674 den beiden Engländern William Noble und Thomas Pigot. Diese Töne erzeugt man bei den Streichinstrumenten dadurch, daß man mit der Fingerspitze den Punkt der Saite leicht berührt, welcher genau dem Drittel, Viertel usw. der Saite entspricht. Es wurde der Versuch mit zwei benachbarten Saiten beschrieben, von denen z. B. die eine in der oberen Oktave der anderen Saite schwingt. Streicht man die Saite, die den höheren Ton ergibt, so schwingt infolge der Resonanz die andere Saite so, daß sie in der Mitte einen Schwingungsknoten hat. Dabei haben Noble und Pigot zur Sichtbarmachung der Schwingungsknoten und -bäuche aufgesetzte Papierreiter benutzt, die bei den Schwingungsknoten liegenblieben, im Bereich der Schwingungsbäuche aber abgeworfen wurden.

Isaac Newtons Hauptwerk „Die mathematischen Prinzipien der Naturlehre" („Philosophiae naturalis principia mathematica"), das 1687 in erster Auflage erschien, wurde auch für die Entwicklung der Akustik ein Meilenstein. In diesem Buch wird die Frage nach der Schallfortpflanzung in elastischen Medien das erste Mal vom Standpunkt der Theorie behandelt. Als Ergebnis seiner Untersuchungen ergab sich für den Zusammenhang zwischen Fortpflanzungsgeschwindigkeit c, Druck p und Dichte ϱ die Formel $c = \sqrt{p/\varrho}$, nach der man unter Normalbedingungen für Luft den zu kleinen Wert $c = 295$ m/s erhält. Dieser Zwiespalt zwischen Theorie und Experiment hat Newton stark beschäftigt, und er gab verschiedene Gründe an, die eine Abänderung des errechneten Wertes verursachen würden. Den wahren Grund für die Unzulänglichkeit der Newtonschen Formel, nämlich die stillschweigend

gemachte Annahme der isothermen Schallausbreitung, fand jedoch
erst 1816 Pierre Simon Laplace. Mit der richtigen Vorstellung der
adiabatischen Zustandsänderung bei der Schallausbreitung im
fluiden Medium gab er die richtige Formel für c. Laplace erkannte nämlich, daß die Druck- und Temperaturänderungen in
einem Gas oder einer Flüssigkeit infolge einer Schallwelle so
schnell verlaufen, daß ein Temperaturausgleich durch Wärme-
leitung zwischen den Bereichen unterschiedlicher Temperatur
praktisch nicht möglich ist.

Newtons Hauptwerk und das neue mathematische Hilfsmittel der
Differential- und Integralrechnung bewirkten das Einsetzen einer
ausgesprochen theoretischen Forschung auf dem Gebiet der Akustik. Im 18. Jahrhundert hat die mathematische Behandlung der
bei den Musikinstrumenten verwendeten mechanischen Schwingungen durch das Wirken solcher hervorragender Gelehrter wie
Brook Taylor, Daniel Bernoulli, Leonhard Euler, Jean Baptiste
le Rond d'Alembert und Joseph Louis Lagrange große Fortschritte gemacht. Das Problem der schwingenden Saite wurde von
ihnen in Angriff genommen und gelöst. Die von Galilei und
Mersenne empirisch gefundene Formel für die Frequenz der
Saitenschwingung konnte bestätigt werden. Daniel Bernoulli gilt
als Entdecker des wichtigen Superpositionsprinzips. Eine Saite
kann danach so schwingen, daß sie gleichzeitig den Grundton
und die höheren Harmonischen gibt, wobei sich die Auslenkung
eines Punktes der Saite aus der Summe der Verschiebungen durch
die einzelnen Teilschwingungen ergibt.

Euler und Lagrange untersuchten auch die für die Blasinstru-
mente und die Orgel wichtigen Schwingungen in Luftsäulen, und
das z. B. für die Stimmgabel oder das Xylophon maßgebende
Problem der Biegeschwingung von Stäben erfuhr durch Daniel
Bernoulli und Euler eine mathematische Behandlung.

Chladni kannte die Arbeiten der erwähnten Forscher und studierte sie sorgfältig. In Wittenberg nicht vorhandene Literatur
beschaffte er sich in Leipzig. Ihm ging es bei seinen Untersuchungen nicht nur um die experimentelle Bestätigung der Ergebnisse für die Biegeschwingungen von Stäben, sondern er eröffnete
durch Versuche mit schwingenden biegungssteifen Platten – das
zweidimensionale Gegenstück zu den Stäben – auch ein Feld, das
experimentell und theoretisch noch unbekannt war.

Die von Chladni beñutzten Metall- und Glasplatten geben unterschiedliche Töne von sich, wenn man sie an verschiedenen Stellen festhält und anschlägt. Der italienische Abt Mazucchi benutzte bei dem damals beliebten Musikinstrument Glasharmonika den Geigenbogen statt der Fingerspitzen zur Anregung der Schwingungen. Chladni las darüber in einer Zeitschrift und benutzte fortan zur Untersuchung der Plattenschwingungen ebenfalls den Violinbogen. Der entscheidende Schritt zur Sichtbarmachung des Schwingungsverhaltens kam jedoch aus der Elektrizitätslehre.

Im Jahre 1777 hatte Georg Christoph Lichtenberg Gleitentladungen auf einem Dielektrikum durch Bestäuben mit Mennige- und Schwefelpulver sichtbar machen kömen. Die dabei entstehenden Figuren haben bei positiver und negativer Elektrode ein jeweils verschiedenes Aussehen. Nach eigener Aussage waren diese Lichtenbergschen Figuren für Chladni der Anlaß, seine Platten mit einem feinen Sand zu bestreuen. Bei Erregung der Platten zu Biegeschwingungen mit dem Geigenbogen wurde der Sand von den schwingenden Stellen weggeschleudert und blieb längs der Knotenlinien liegen. Zwei benachbarte, durch eine Knotenlinie getrennte Plattenteile bewegen sich dabei stets in entgegengesetzter Richtung. Chladni stellte fest, daß einer bestimmten Figur immer ein bestimmter Ton entspricht, zu einem festen Ton aber verschiedene Figuren gehören können. Je komplizierter das Bild der Knotenlinien ist, desto höher ist die Schwingungsfrequenz. Durch Verwendung von Platten verschiedener Dicke und Größe fand Chladni das Gesetz, daß die Frequenz der Plattendicke direkt und – bei kreisförmigen Scheiben – dem Quadrat des Radius umgekehrt proportional ist.

Systematisch untersuchte nun Chladni die Klangfiguren von Kreis-, Quadrat- und Rechteckscheiben, die er an verschiedenen Stellen befestigte und mit dem Finger berührte, womit er das Auftreten von Knotenlinien an diesen Stellen erzwang.

In Ansehung der Hervorbringung dieser verschiedenen Klänge findet eben das statt, was ich schon mehrere Mal erinnert habe, daß nämlich, wenn man die Scheibe an verschiedenen Stellen hält oder auflegt, und an verschiedenen Stellen des Randes streicht, sie jedesmal genötigt werden kann, sich anders abzuteilen, wodurch andere Töne und bei dem Aufstreuen des Sandes auch andere Figuren zum Vorschein kommen. [1, S. 54]

Das Ergebnis dieser Untersuchungen hielt er in seinem ersten

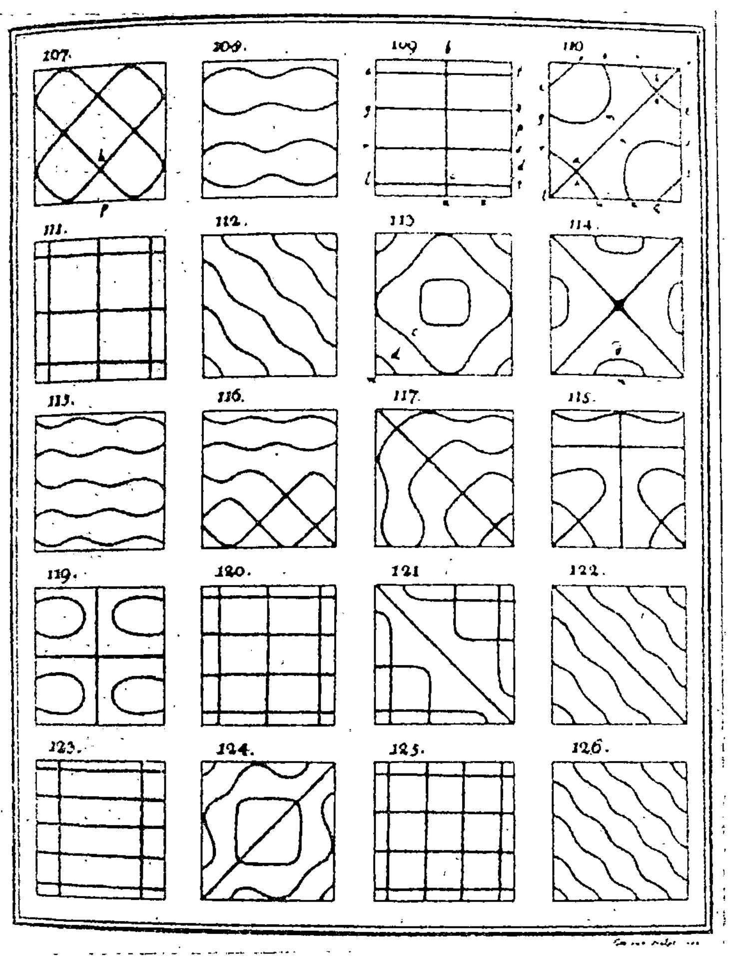

3 Einige der Chladnischen Klangfiguren [1, Tafel IX]

Buch mit dem Titel „Entdeckungen über die Theorie des Klanges"
und 11 Tafeln mit insgesamt 166 Figuren fest. Es erschien 1787
in Leipzig. Die Tonhöhe der verschiedenen Klangfiguren hat
Chladni dank seines guten Gehörs jedesmal angegeben, wobei er
sich für etwa auftretende Ungenauigkeiten bei den höchsten
Tönen entschuldigt, da es in diesem Frequenzbereich sehr schwer
sei, die Töne durch das Gehör völlig genau zu bestimmen. Die

verschiedenen Eigentöne einer bestimmten Platte lagen unharmonisch zum Grundton. Bei den Klangfiguren der Kreisscheiben, bei denen kreisförmige und gerade Knotenlinien auftreten, fand Chladni, daß bei K Knotenkreisen und L Knotendurchmessern die Frequenz proportional $(2K + L)^2$ ist.

War unter dem aufgestreuten Sand ganz feiner Staub, so sammelte sich dieser gerade an den Stellen der größten Schwingungsamplitude und nicht im Bereich der Knotenlinien. Chladni hat diese Beobachtung beschrieben und diese Stellen auf einigen seiner Figuren markiert. Die Ursache der Erscheinung könne man sich leicht selbst erklären, behauptete Chladni; in Wahrheit ist das Problem jedoch erst nach seinem Tode geklärt worden, worüber noch zu sprechen sein wird.

Mit der Methode der Klangfiguren wurden nun auch die Biegeschwingungen von Stäben bei verschiedenen Randbedingungen untersucht und das schon theoretisch gefundene Gesetz bestätigt, nach dem die höheren Eigenschwingungen unharmonisch zur Grundschwingung liegen und die Frequenz bei rechteckigem Stabquerschnitt der Dicke (bzw. bei kreisförmigem Querschnitt dem Durchmesser) direkt und dem Quadrat der Stablänge umgekehrt proportional ist. Wegen der zuletzt genannten Eigenschaft sind bei Stabspielen (z. B. dem Xylophon) die Längenunterschiede zwischen den einzelnen Stäben kleiner als bei den Saiteninstrumenten.

Am Schluß seines Buches teilt Chladni eine Beobachtung mit, die er erst ein paar Jahre später systematisch untersucht. Beim Streichen einer Saite mit einem Geigenbogen unter einem sehr spitzen Winkel hörte er Töne, die 3 bis 5 Oktaven höher waren als der gewöhnliche Grundton. Das waren die Longitudinaltöne gespannter Saiten, die vorher noch nie beschrieben worden waren. Wir werden noch sehen, wie er diese Erscheinung in den Aufbau seiner Akustik einbaute.

Die große Verehrung, die Chladni besonders Euler und Bernoulli entgegenbrachte, kommt in der Widmung seines ersten Buches zum Ausdruck: „Der Kaiserlichen Akademie der Wissenschaften zu St. Petersburg, welche schon so viele Aufschlüsse über die Theorie des Klanges gegeben hat, zu weiterer Untersuchung ehrerbietigst vorgelegt". Euler wirkte von 1727 bis 1741 und nach seinem Berliner Aufenthalt von 1766 bis an sein Lebensende in

Der

Kayserlichen

Academie der Wissenschaften

zu St. Petersburg

welche schon

so viele Aufschlüsse über die Theorie des Klanges

gegeben hat,

zu weiterer Untersuchung

ehrerbietigst vorgelegt

von

dem Verfasser.

4 Widmung des Buches „Entdeckungen über die Theorie des Klanges"

Petersburg (heute Leningrad), und Bernoulli arbeitete dort von
1725 bis 1733. Da beide Gelehrte 1787 schon tot waren, widmete
Chladni sein Buch der Petersburger Akademie der Wissenschaften (der Vorgängerin der heutigen Akademie der Wissenschaften
der UdSSR), die für beide Forscher lange Zeit wissenschaftliche
Wirkungsstätte und ein Zentrum mathematischer Forschung ge-
·wesen war.
Chladnis Buch schließt mit folgendem Hinweis:

Vielleicht können die obigen Bemerkungen über die elastischen Krümmungen einer Scheibe und Glocke Anlaß geben, um überhaupt die Theorie der
Krümmungen einer Fläche oder eines Körpers, welche ein unbegrenztes Feld
zu weiteren Untersuchungen darbietet, mehr zu bearbeiten, als bisher geschehen ist; indem doch nun mehrere Voraussetzungen zu deren Berechnung,
und mehrere Mittel, um die Richtigkeit derselben durch Versuche zu prü-
fen, vorhanden sind. [1, S. 77]

Der hier ausgesprochene Wunsch sollte erst über ein halbes Jahrhundert später in Erfüllung gehen.
Chladnis Erstlingswerk hat in der wissenschaftlichen Welt bald
Beachtung gefunden. Seine wirtschaftliche Lage hatte sich jedoch
nicht verbessert, und in Wittenberg hatte er auch nach Heraus-
gabe des Buches keine Anstellung gefunden. Da die Stiefmutter
mit ihm im Hause wohnte und kränkelte und er sich für sie verantwortlich fühlte, dachte er nicht an einen Wegzug aus der Stadt.
Um diese Zeit mag ihm der Gedanke gekommen sein, durch Gast-
vorlesungen und Vorträge an anderen Orten seine Arbeiten der
Öffentlichkeit vorzuführen und durch die dabei gemachten Ein-
nahmen seine wirtschaftliche Lage etwas aufzubessern. Die Vor-
führung der Klangfiguren mit ihren für das Auge reizvollen
Mustern bot sich für eine solche Tätigkeit natürlich besonders an.
Die Popularisierung wissenschaftlicher Ergebnisse durch Vorträge
und Experimentalvorführungen war für einen Wissenschaftler der
Aufklärung eine Tätigkeit, die sich aus der Forderung ergab, daß
die Wissenschaft dem Menschen dienen müsse.
Es muß hier auch an die schlechte wirtschaftliche Lage der Hoch-
schullehrer in der damaligen Zeit erinnert werden. Wer kein
eigenes Vermögen besaß, konnte sich bei der geringen Besoldung
nur durch ein großes Vorlesungspensum oder eine Nebenbeschäfti-
gung über Wasser halten. In Halle z. B. lag 1768 bei den Professoren die durchschnittliche tägliche Zahl der Vorlesungsstunden

bei sechs. Es ist einleuchtend, daß bei einer solchen Belastung die eigenen Fachstudien oft zu kurz kamen. Für Chladni wird aus all den Gründen und unter Berücksichtigung seiner großen Reiselust – die schon in den Kinderjahren zu erkennen war – die selbstgewählte Lebensform weniger entbehrungsreich gewesen sein, als uns das heute erscheinen mag.

Zur Abrundung eines künftigen Vorlesungsprogramms und zur Demonstration des praktischen Nutzens der von ihm experimentell untersuchten Biegeschwingungen von Stäben faßte Chladni den Gedanken, ein neues Musikinstrument zu erfinden. Die Tonerzeugung sollte durch Transversalschwingungen von frei schwingenden (d. h. nicht an ihren Enden eingespannten) Eisenstäben *Bb* (Abb. 5) geschehen. Ein solches Instrument hätte gegenüber den Saiteninstrumenten den Vorzug der Unverstimmbarkeit. Die Stäbe waren in den Schwingungsknotenpunkten *cd* – deren Lage er mittels aufgestreuten Sandes vorher bestimmt hatte – am Resonanzboden *Aa* befestigt und wurden mit Hilfe von Longitudinalschwingungen sogenannter Streichstäbe *mn* zum Schwingen angeregt. Diese Streichstäbe – sie bestanden aus Glas – waren fest mit

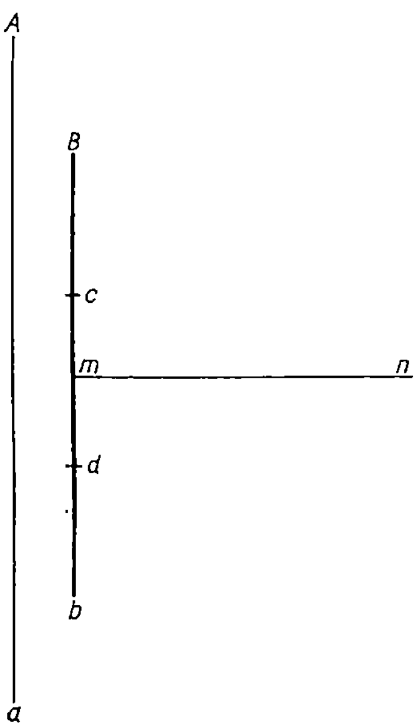

5 Prinzip des Euphons

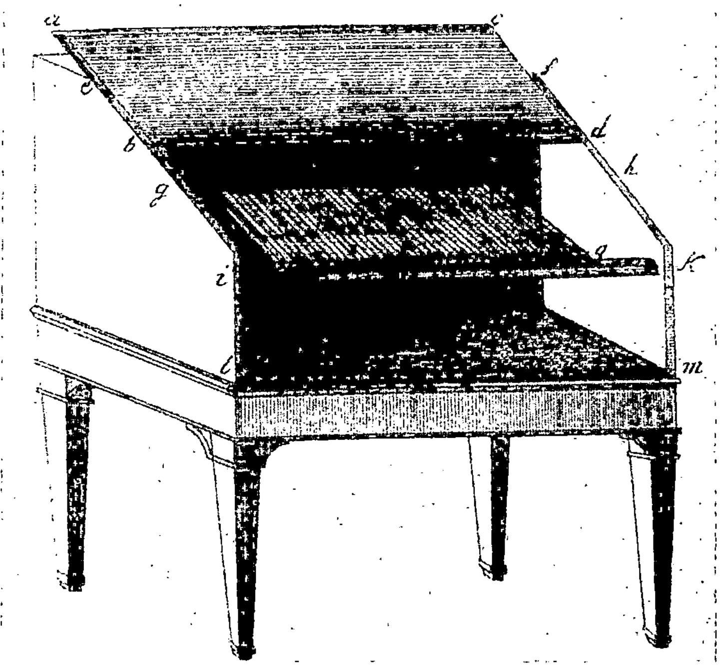

6 Chladnis erstes Euphon (aus Journal von und für Deutschland 7 (1790) 3, S. 201; Foto: Nationale Forschungs- und Gedenkstätten der klassischen deutschen Literatur in Weimar)

den klangerzeugenden Stäben verbunden und wurden mit befeuchteten Fingern der Länge nach gestrichen. Chladni nannte sein neues Instrument „Euphon" (griechisch, „Wohlklinger") und hat es im wesentlichen allein verfertigt (Abb. 6, oq – Streichstäbe, die Klangstäbe befinden sich – nicht direkt sichtbar – hinter der Rückwand). Lediglich für das Gehäuse war ein Tischler nötig und für die Stäbe ein Schlosser. Das erste Instrument war 1790 fertig und hatte einen Tonumfang von 3½ Oktaven. Im Laufe der Jahre hat Chladni das Euphon mehrfach verändert und verbessert. Dazu gehörte auch eine Abart, bei der die Klangstäbe gabelförmig gebogen waren – ähnlich einer Stimmgabel – und die gläsernen Streichstäbe zwischen den Gabelenden befestigt waren. Diese Bauart hatte den Vorzug, daß das Instrument wegen der gekrümmten Stäbe relativ klein war und auf Reisen bequem im Reisewagen transportiert werden konnte. Das Euphon eignete sich besonders

für langsame und ausdrucksvolle Musikstücke, und nach Chladnis
Meinung lag sein Vorzug gegenüber anderen Instrumenten in dem
Umstand, daß

die Empfindung des Spielenden sich den klingenden Körpern unmittelbar
durch die Berührung der Finger mitteilt. ohne Dazwischenkunft eines anderen Mechanismus. [9, S. 175]

Damit hatte nun Chladni das Instrumentarium zusammen, um eine
interessante und publikumswirksame Vorlesungstätigkeit in verschiedenen Orten aufzunehmen. 1791 begannen seine Reisen durch
halb Europa, die er mit nur kurzen Unterbrechungen in Wittenberg (und später in Kemberg) bis an sein Lebensende fortsetzte.

Erste Reisejahre, die Meteoritenschrift
von 1794 und das Hauptwerk „Die Akustik"

Wenn man auffallende Erfahrungen mitzuteilen hat, tut man
wohl, auf Reisen zu gehen um solche unmittelbar zu überlie-
fern und bekannt zu machen, wie Dr. Chladni mit gutem Erfolg getan hat.

Goethe

Beim Betrachten des für einen Forscher vom Format eines Chladni
ungewöhnlichen Nomadenlebens, das nun begann, muß man an
die Kindheit und an die gesellschaftlichen Verhältnisse seiner
Zeit erinnern. Chladni hat immer den Wunsch betont, eine Stellung annehmen zu wollen.

Wenn ich. also unter annehmlichen Bedingungen an einen Ort, wo es mir
gefallen kann, einen Ruf erhielte, so würde es Torheit sein, ihn ablehnen zu
wollen. [7, S. XI–XII]

Wir werden noch sehen, daß sich Gelegenheiten für eine Tätigkeit, in Berlin, Jena oder Dresden boten. Aber die Bedingungen
mögen für ihn nicht annehmbar gewesen sein. Es ist schwer, aus
den wenigen brieflichen Äußerungen darüber genaue Klarheit zu
bekommen. Immer wieder aber wird die Erinnerung an die harte
Kinder- und Jugendzeit in ihm aufgestiegen sein, die ihn letzten
Endes davon abhielt, sich irgendwelchen Bindungen und Abhängigkeiten auszuliefern. Chladni hat aus der Not eine Tugend gemacht.

Was mich selbst betrifft, so habe ich auf meinen Reisen weder mich unbe-
haglich befunden, noch an irgend etwas Mangel gelitten; ich würde auch
ohne diese so manche nur durch eigene Beobachtung zu erhaltende Kenntnis
und so manchen Genuß haben entbehren müssen, und keine Gelegenheit
gehabt haben, manchen persönlich kennenzulernen, dessen Freundschaft oder
Bekanntschaft einen großen Wert für mich hat. [7, S. XI]

Der Kontakt mit einer Vielzahl der bedeutendsten Persönlichkeiten Europas – genannt seien hier nur Goethe, Laplace, Lichtenberg und die Gebrüder Weber – gehörte zu dem großen Vorzug,
den ihm das Reisen von Ort zu Ort gebracht hat. Vielen von
ihnen hat er sich ein Leben lang freundschaftlich verbunden ge-
fühlt.

Über die Vortragstätigkeit – besonders im letzten Jahrzehnt des
18. Jahrhunderts – wissen wir nur wenig. Chladni selbst hat nur
über seinen Parisaufenthalt von 1808 bis 1810 einen detaillierten
Bericht geschrieben. Aus den erhalten gebliebenen Briefen und
den seinen Hauptwerken vorangestellten autobiographischen Ab-
schnitten, nicht zuletzt aus Äußerungen der Zeitgenossen, ergeben
sich jedoch Anhaltspunkte für eine Datierung der Vortragsreisen
Chladnis und für die Kenntnis der auf ihnen vermittelten
Themen.
Chladni zog im eigenen Reisewagen durch die Lande, bei dem
auch für das Euphon – und später für den Clavicylinder – ein
geeigneter Platz vorgesehen war. Die erste Reise führte ihn 1791
nach Dresden, und in die Zeit vom Januar bis Februar 1792 fällt
der früheste Aufenthalt in Berlin. Gab es an einem Ort gute
Arbeitsmöglichkeiten, eine reichhaltige wissenschaftliche Bibliothek
und waren Begegnungen mit Gelehrten und anderen bedeutenden
Persönlichkeiten möglich, so hielt sich Chladni dort auch längere
Zeit auf.
Am Ende des Jahres 1792 kam er nach Göttingen, und die persönliche Begegnung mit Lichtenberg sollte für Chladnis wissenschaftliches Betätigungsfeld von großer Bedeutung werden. Schon
die Entdeckung seiner Klangfiguren verdankte er Arbeiten des
Göttinger Gelehrten auf dem Gebiet der Elektrizitätslehre. Jetzt
wurde der Abschnitt über Sternschnuppen und Feuerkugeln in der
von Lichtenberg besorgten 5. Auflage von Johann Christian Poly-
karp Erxlebens „Anfangsgründe der Naturlehre" (Göttingen 1791)
der Anlaß, sich mit der Frage nach dem Ursprung der Meteorite
und Feuerkugeln intensiv zu beschäftigen.
Feuerkugeln und Meteorite (Chladni sprach von „meteorischen
Massen" oder „Meteor-Steinen") sind auffallende Erscheinungen
und waren gerade für die Menschen früherer Zeiten sehr eindrucks-
volle Ereignisse. Ein Meteoritenfall beginnt ähnlich wie eine
Sternschnuppe mit einer sich schnell bewegenden Lichterschei-
nung. Die Lichtstärke und die Größe nehmen jedoch so stark zu,
daß man von einer Feuerkugel (Bolid) spricht, deren Helligkeit
die des Vollmondes übersteigen kann. Kurze Zeit später erlischt
die Feuerkugel, es bleibt eine Rauchwolke am Himmel zurück,
aus der Massen (Meteorite) zur Erde fallen. Das Ganze ist von
donnerartigen Geräuschen begleitet.

Im § 758 des Buches von Erxleben wurde diese Ansicht vertreten:

Die sog. Sternschnuppen oder Sternschneutzen sind vielleicht ähnliche Wirkungen fetter Dünste in dem Luftkreise, die sich entweder wirklich entzünden oder auch nur bloß leuchten: und eben dahin gehören die fliegenden Drachen, Feuerkugeln und mehrere dergleichen bisweilen gesehene Erscheinungen, bei denen übrigens auch vielleicht, wenigstens zu Zeiten, einige Elektrizität mit im Spiele ist. [3, S. 18]

Über diesen Abschnitt im Buche von Erxleben sprachen Chladni und Lichtenberg miteinander. Lichtenberg gab zu, daß die Erklärung, Feuerkugeln hätten etwas mit Elektrizität zu tun, eine Notlösung gewesen sei, weil andere Erklärungsversuche noch weniger Ähnlichkeit mit der Erscheinung der Feuerkugeln hätten. Schließlich berichtete Chladni:

Als ich ihm weiter mit Fragen zusetzte, wofür man sie denn eigentlich halten könne, ... antwortete er, die Feuerkugeln möchten wohl etwas nicht Tellurisches, sondern Kosmisches sein, nämlich etwas, das nicht in unserer Atmosphäre seinen Ursprung habe, sondern von außen in derselben anlange und darin sein Wesen treibe; was es aber sei, wisse er nicht. [8, S. 7–8]

Diese von Lichtenberg hingeworfene Bemerkung, die er selbst nicht ernst genommen hatte – wie seine spätere anfängliche Reaktion auf Chladnis Theorie bewies –, ließ den Gast aus Wittenberg nicht los, und noch bei seinem Aufenthalt in Göttingen im Januar 1793 studierte er in der Universitätsbibliothek alle verfügbaren Berichte über Meteoritenfälle und Feuerkugeln.
Als Chladni im Februar 1793 nach Bremen zu dem Arzt und Astronomen Heinrich Wilhelm Matthias Olbers weiterreiste, gab Lichtenberg in einem Empfehlungsschreiben an Olbers folgende sehr schöne Charakteristik von Person und Werk Chladnis:

Sie werden in ihm einen Mann von sehr tiefen Einsichten nicht bloß in alles, was die Natur der Töne, sondern Physik überhaupt angeht, finden. Daß er der Erfinder eines neuen musikalischen Instruments [ist], das er Euphon nennt, wird Ihnen bekannt sein. Aber dies ist, in meinen Augen wenigstens, nichts gegen das, was der vortreffliche Mann für die Theorie der Schwingungen tönender Körper durch Sichtbarmachung derselben getan hat. Er hat ein ganz neues Feld eröffnet ... [16, S. 442]

Die Gespräche mit Lichtenberg und der Aufenthalt in Göttingen zeigen auch, daß Chladni für Hinweise sehr dankbar war, ihnen nachging und sie so weit wie möglich für seine Arbeit verwendete.

Hinter der guten Charakteristik, die Lichtenberg ihm mit auf den
Weg gab, steckt für Chladni disziplinierte Arbeit und genaues
Literaturstudium. Er selbst äußert sich darüber so:

Manche haben die Vermutung geäußert, es möge wohl in Hinsicht auf das,
was mir gelungen ist, der Zufall mir günstig gewesen sein. Das ist aber ganz
und gar nicht der Fall, indem vielmehr der Zufall oder das Schicksal mir
fast immer entgegen gewesen ist, so daß ich gewöhnlich das, was gelingen
sollte, durch anhaltendes Streben habe erzwingen müssen, weshalb ich auch
jedes Spiel und überhaupt alles, wo nicht die Bemuhung, sondern der Zufall entscheidet, schlechterdings vermeide, und, wenn ich nicht Schaden haben will, vermeiden muß. Da ich indessen geneigt bin, die Dinge lieber von
der freundlichen Seite, als von der entgegengesetzten anzusehen, so finde ich
dabei doch das Gute, daß es einem hinterdrein desto mehr Freude macht,
wenn man Schwierigkeiten hat überwinden können. Vielleicht würden auch
gar zu viele Begünstigungen durch äußere Umstände nicht für mich getaugt,
und mich übermütig oder nachlässig gemacht haben. [12, S. 300–301, Fuß-
note]

Über Hamburg, Kopenhagen und Berlin kam Chladni nach
Wittenberg zurück und begann mit der Abfassung des Manuskripts für sein zweites Buch „Über den Ursprung der von Pallas
gefundenen und anderer ihr ähnlichen Eisenmassen, und über
einige damit in Verbindung stehende Naturerscheinungen", das im
Frühjahr 1794 gleichzeitig in Leipzig und Riga erschien.
Der Titel des Buches läßt nicht erkennen, daß durch diese Schrift
die Meteoritenkunde begründet wurde und in ihr Ansichten über
den Ursprung der Meteorite und Feuerkugeln vorgetragen wurden,
die für uns heute größtenteils zur Selbstverständlichkeit geworden
sind. Die Schrift gehört – ebenso wie seine 1802 erschienene
Monographie „Die Akustik" – zu den bedeutendsten naturwissenschaftlichen Büchern der Wende vom 18. zum 19. Jahrhundert.
Meteoritenfälle (also Niedergänge von Festkörpern) und Feuerkugeln wurden schon von antiken Schriftstellern erwähnt. Man
beschrieb sie als vom Himmel herabgefallene erloschene Sterne,
nannte sie Bätylien und brachte ihnen religiöse Verehrung entgegen. Auch im Mittelalter wußte man noch etwas von der Tatsache, daß Steine vom Himmel fallen können. Mit einem solchen
Ereignis wurden aber immer sofort religiöse Vorstellungen verbunden. So betrachtete man den am 16. November 1492 bei
Ensisheim im Elsaß herabgefallenen Steinmeteoriten (so genannt,
weil er vorwiegend aus Silikaten besteht) mit der Masse von
125 kg als eine Mahnung Gottes an Kaiser Maximilian I., den

Kampf gegen die vor Wien stehenden Türken mit aller Kraft zu führen.
Die mit den gesellschaftlichen Entwicklungen im 16. Jahrhundert einsetzende Wissenschaftliche Revolution lehnte solche Erklärungsversuche als Wunderglaube ab. Da unter den Berichten über Meteoritenfälle sich viele befanden, die unglaubwürdig, übertrieben oder falsch waren, schüttete man das Kind mit dem Bade aus und verwarf auch die eigentlich gut beglaubigten Beschreibungen der Niedergänge von Massen. Das hatte zur Folge, daß nun viele in den Naturalienkabinetten aufbewahrten Meteorite als wertlos weggeworfen wurden, so vermutlich auch eine 1581 bei Niederreißen (im heutigen Kreis Apolda) gefallene Masse, die ursprünglich nach Dresden gekommen war und von der Chladni dort noch eine Zeichnung und ein Aktenstück über ihre Aufbewahrung gesehen hat. 1749 fand der russische Bauer und Schmied Jakob Medwedef auf einem Berge bei Krasnojarsk in Sibirien eine Eisenmasse, die 16 Zentner schwer war und von dem aus Berlin stammenden Naturforscher und Sibirienreisenden Peter Simon Pallas 1776 das erste Mal wissenschaftlich beschrieben wurde. Das Pallas-Eisen, das nach heutiger Nomenklatur ein Stein-Eisenmeteorit ist (also gleichviel Anteile von Stein und Eisen hat), wurde nach Petersburg gebracht, und noch Pallas selbst hat Probestücke von der Masse in verschiedene Orte verschickt, so auch 1776 nach Berlin als Dank für seine Ernennung zum auswärtigen Mitglied der Berliner Gesellschaft naturforschender Freunde. Dieses Berliner Probestück war der einzige Meteorit, den Chladni bei der Abfassung seines Buchmanuskripts aus eigener Anschauung kannte. Er hat das Pallas-Eisen − über dessen Natur man sich bis dahin nicht einig war − zum Ausgangspunkt seiner Theorie gemacht und sogar in den Titel seines Werkes aufgenommen. Die zeitgenössischen Gelehrten stritten sich lediglich darüber, ob es an seinem Fundort auf natürliche Weise oder künstlich als Verhüttungsprodukt entstanden sei. Ein anderer Grund für die Bevorzugung dieses Fundstücks durch Chladni ist der Anteil an gediegenem Eisen, der bei den damals bekannten irdischen Mineralen äußerst selten war.
Chladni setzte sich zunächst in seiner Schrift mit den zeitgenössischen Erklärungsversuchen für Feuerkugeln auseinander. Er verwarf die Vorstellungen, Feuerkugeln mit dem Nordlicht in Ver-

bindung zu bringen ebenso wie eine Erklärung mit Hilfe der Luftelektrizität bzw. als Entzündung einer langen Strecke von brennbarer Luft und kam zu dem Schluß,

... daß das Wesen der Feuerkugeln in Anhäufung der Nordlichtsmaterie, in einem Übergange der Elektrizität aus einer Gegend der Atmosphäre in die andere, in einer Anhäufung lockerer brennbarer Materien in der obern Luft und in Entzündung einer langen Strecke von brennbarer Luft nicht bestehet ... [3, S. 56–57],

sondern daß Feuerkugeln aus dichten und schweren Grundstoffen bestehen und nicht tellurischen, sondern kosmischen Ursprungs sind. Die Leuchterscheinungen werden – nach Chladni – durch die Abbremsvorgänge der Körper beim Eintritt in die Erdatmosphäre hervorgerufen.
Chladni übertrug diese Folgerung mit einem gewissen Grad von Wahrscheinlichkeit auch auf die Sternschnuppen (Meteore). Daß bei ihnen keine Niederfälle beobachtet wurden, führte er auf eine größere Entfernung ihrer Bahnen von der Erde zurück, bei der sie die Atmosphäre nur streifend berührten. Chladni machte jedoch auch den bemerkenswerten Vorschlag, durch gleichzeitige Beobachtungen der Meteore an verschiedenen Orten auf der Erde ihre Bahn und Höhe genauer zu erforschen, was kurz nach Erscheinen seiner Schrift dann auch von Heinrich Wilhelm Brandes und Johann Friedrich Benzenberg aufgegriffen wurde.
Am ehesten entsprachen die Vorstellungen des englischen Astronomen und Kometenforschers Edmund Halley den Ansichten Chladnis, der Feuerkugeln für im Weltraum zerstreut gewesene Materie ansah, die von der Erde bei ihrem Lauf um die Sonne angetroffen wurde. Jedoch fehlte bei Halley der Hinweis auf einen Zusammenhang mit den gefundenen Meteoritenmassen.
Chladni betonte, daß die Erklärungen der Gelehrten alle aus zu engen fachspezifischen Gesichtspunkten stammen, z. B. betrachtete der Astronom Feuerkugeln als astronomische Erscheinung, der Meteorologe dagegen brachte sie in Verbindung mit der Gashülle, der Erde.

Bei dieser Verschiedenheit der Erklärungsarten ist merkwürdig, daß viele Naturforscher gern Naturerscheinungen aus dem erklären, womit sie sich sehr beschäftigt haben. [3, S. 56]

Dagegen müsse man – so Chadni – die Beobachtungen mit Hilfe der Methoden und Ergebnisse aller am Phänomen interessierten

Wissenschaften deuten. Dieser Hinweis unterstreicht die interdisziplinäre Bedeutung der Meteoritenkunde, an der Mineralogen, Astronomen und Chemiker – und heute die Kosmosforschung – gleichermaßen beteiligt sind.

In seiner Schrift stellte Chladni eine Reihe von Berichten aus der Literatur über die aus Feuerkugeln niedergegangenen Stein- und Eisenmassen zusammen. Dabei hat er als ausgebildeter Jurist die glaubwürdigen von den unglaubwürdigen Angaben getrennt und betont,

... welche Genauigkeit in Erzahlung oder Wiedererzahlung von Naturbegebenheiten nötig ist, um nichts von seiner eigenen Erklärungsart in die Tatsachen hinüberzutragen. [3, S. 66]

Am Pallas-Eisen und anderen Eisen- und Stein-Eisenmeteoriten untersuchte er dann, ob sie als Verhüttungsprodukte entstanden sein könnten, als Ergebnis einer vulkanischen Eruption oder aber durch einen Schmelzvorgang unter Blitzeinwirkung, und kam zu dem Schluß, daß alle Indizien sich nur durch einen kosmischen Ursprung erklären lassen.

So kam Chadni zu dem Ergebnis, daß Meteoritenfunde und Meteoritenfälle, Feuerkugeln und wahrscheinlich auch Sternschnuppen (Meteore) einen gemeinsamen Ursprung haben und kosmischer Herkunft sind. Er betonte in einem Paragraphen mit der Überschrift „Einige fernere Erläuterungen" die Veränderlichkeit der Himmelskörper, ihre Bildung und Zerstorung. Die Bildung kann durch Aufsammeln kleiner fester Körper durch Gravitation oder aber aus Teilen einer zerstückelten, ehemals größeren Masse geschehen sein. Bei diesem Bildungsprozeß übriggebliebene kleine Massenteile gelangen dann in die Nähe anderer Weltkörper, z. B. des Planeten Erde, und rufen Erscheinungen wie Feuerkugeln und Sternschnuppen hervor. Da in den Meteoriten Eisen vorhanden ist, muß es auch – so schloß Chadni – im Innern der Erde vorhanden sein.

Chladnis Gedankengänge und seine Schlußfolgerungen in der Meteoritenschrift verdienen höchstes Lob, vor allen Dingen ist der Mut hervorzuheben, solche neuartigen Gedanken zu Papier gebracht und zur Diskussion gestellt zu haben. Ein Vergleich zu Immanuel Kants „Allgemeine Naturgeschichte und Theorie des Himmels" aus dem Jahre 1755 mit seinen Vorstellungen von der

34

Entstehung des Sonnensystems aus einem Urnebel durch Verdichtung desselben drängt sich auf, obwohl Chladni diese Schrift nirgends zitiert.

Wir werden noch sehen, wie sich das Thema bis zu seinem zweiten Meteoritenbuch von 1819 weiterentwickelt hat. Es sollten in der Astronomie und in der Mineralogie sehr bald Entdeckungen gemacht werden, die für Chladnis Theorie eine starke Stütze waren.

Anerkennung fand Chladni zunächst durch den Gothaer Astronomen Franz Xaver von Zach und den schon erwähnten Olbers, ebenso schloß sich der Freiberger Mineraloge Abraham Gottlob Werner dem von Chladni vertretenen Standpunkt an. Es gab aber auch viel Ablehnung. Sogar Lichtenberg hatte anfänglich eine reservierte Haltung angenommen; er äußerte, es sei ihm beim Lesen von Chladnis Schrift so zumute gewesen, als wenn ihn selbst ein solcher Stein am Kopf getroffen hätte. Er revidierte jedoch kurz vor seinem Tode diese Haltung und erörterte die Möglichkeit der Herkunft der Meteorite als Auswürfe von Mondvulkanen.

Es ist interessant, daß Chladni Lichtenberg in der Schrift von 1794 noch nicht als Geburtshelfer seiner Meteoritentheorie genannt hat, obwohl er später einmal dankbar vermerkte, wie gern ihm sein Göttinger Gesprächspartner um die Jahreswende 1792/93 aus dem Reichtum seiner originellen Ideen einiges mitteilte. Der Grund hierfür liegt in der von Chladni vorausgesehenen Reaktion auf diese Schrift, für deren Inhalt er ganz allein die Verantwortung übernehmen wollte,

.. weil ich den anfänglichen Vorwurf einer Versündigung gegen Physik, gegen Aufklärung und gegen Orthodoxie lieber allein tragen, als jemanden mit hineinziehen wollte ... [8, S. 10]

Nach Fertigstellung des Manuskriptes der Meteoritenschrift reiste Chladni Anfang 1794 in das damalige Petersburg, womit sich nun die Möglichkeit für ihn ergab, den Hauptteil des Pallas-Eisens selbst in Augenschein nehmen zu können. Sein Weg führte über Danzig (Gdańsk), Königsberg (Kaliningrad) – ein Brief Chladnis aus dieser Stadt vom 14. Februar 1794 wird im Naturkundemuseum in Berlin aufbewahrt – und weiter über Riga nach Petersburg. Sein 1787 erschienenes erstes Buch „Entdeckungen über die Theorie des Klanges" hatte er, wie bereits erwähnt, der Akademie in Petersburg gewidmet (Abb. 4).

Als Dank für die Widmung wurde Chladni am 22. Mai 1794 zum korrespondierenden Mitglied ernannt, und am 31. Mai 1794 hielt der Gast aus Wittenberg vor Mitgliedern der Akademie einen akustischen Vorttag und führte das Euphon vor.

Es ist ziemlich sicher, daß sich Chladni in Petersburg die Gelegenheit nicht antgehen ließ, die Hauptmasse des Pallas-Eisens zu betrachten; diese befindet sich übrigens heute im Fersman-Museum in Moskau.

Die Rückreise ging über Narva nach Tallinn und von da per Schiff nach Flensburg. Mitte August 1794 traf er wieder in Wittenberg ein.

Zu Hause und auch auf Reisen wurden von Chladni weitere akustische Untersuchungen durchgeführt. Besonders beschäftigte ihn das Problem der Longitudinalschwingungen fester Körper, das er schon in seiner Schrift von 1787 kurz erwähnt, inzwischen aber systematisch untersucht hatte. Am 2. Januar 1796 hielt er über dieses Thema einen Vortrag vor der Kurfürstlich Mainzischen Akademie nützlicher Wissenschaften in Erfurt, der im gleichen Jahr auch in Buchform in dieser Stadt erschien. Von Chladni wurden von jetzt ab Transversal- und Longitudinalschwingungen streng unterschieden, wie das auch noch heute getan wird.

Der Begriff Transversalschwingung geht aus dem der Transversalwelle hervor. Man kann sich eine Transversalschwingung durch Überlagerung je einer hin- und (gleichfrequenten) zurücklaufenden Transversalwelle gleicher Amplitude entstanden denken, also als eine stehende Welle. Bei den Transversalwellen liegen die Verschiebungen der Mediumteilchen in einer zur Fortpflanzungsrichtung der Welle senkrechten Ebene. Ganz analog verhält es sich mit der Longitudinalschwingung. Bei den Longitudinalwellen erfolgt die Verschiebung in Richtung der Fortpflanzung der Welle. Die gerade von Chladni ausführlich untersuchten Eigenschwingungen abgeschlossener kontinuierlicher Systeme (Saite, Stab, Platte, Luft und Gassäule) können als stehende Wellen aufgefaßt werden.

Chladni erkannte, daß die Frequenzen der verschiedenen Longitudinaltöne einer Saite sich verhalten wie 1 : 2 : 3 : 4: ... und daß bei gleicher Saitenbeschaffenheit sich die Tonhöhen umgekehrt wie die Saitenlängen verhalten. Bei Veränderung der Dicke oder der Spannkraft der Saiten ergaben sich nur äußerst geringe

36

Frequenzänderungen, ganz im Gegensatz zum Frequenzverhalten bei den Transversalschwingungen der Saite.
Diese Ergebnisse konnten von Chladni durch Versuche auch auf die Longitudinalschwingungen von Stäben ausgedehnt werden. Dazu befestigte er einen Stab in einem seiner Schwingungsknoten und rieb ihn mit einem feuchten Tuch in Richtung seiner Länge. Die bei dieser Erregungsart entstehenden Dehnwellen, die durch Reflexion an den Stabenden zu einer stehenden Welle führen, sind eigentlich ein Mischtyp, weil durch die auftretenden Querkontraktionen des Stabes auch kleine Querverschiebungen der Mediumteilchen hervorgerufen werden, die jedoch gegenüber der longitudinalen Komponente sehr klein sind. Reine Longitudinalwellen (Dichtewellen) gibt es nur im allseitig unendlich ausgedehnten Festkörper.
Die Töne der Longitudinalschwingungen liegen wesentlich höher als die bei Biegeschwingungen desselben Stabes. Ist der Stab an beiden Enden fest eingespannt, so hat er dort Schwingungsknoten, und in der Grundschwingung befindet sich in der Mitte ein Schwingungsbauch. Die Stablänge ist also gleich der halben Wellenlänge. Chladni bemerkte, daß auch die longitudinalen Schwingungen der Luftsäulen, z. B. in einer Pfeife, analog zu den longitudinalen Stabschwingungen behandelt werden können.
Übrigens sind auch die Biegeschwingungen nur in Näherung Transversalschwingungen. Außer den Teilchenbewegungen quer zur Plattenebene bzw. Stabachse treten nämlich auch Drehungen des Querschnitts um eine Querachse auf.
Chladni gab bei seinem oben genannten Vortrag in Erfurt noch keine Abhängigkeit der Frequenz der Longitudinaltöne von der Dichte des Mediums an. Erst nach weiteren Untersuchungen konnte er in seinem Werk „Die Akustik" 1802 schreiben, daß die Frequenz umgekehrt proportional der Quadratwurzel aus der Dichte ist.
Neben der Beschreibung der Klangfiguren ist die Entdeckung der Longitudinal- (oder besser: Dehn-)wellen bei Stäben wohl Chladnis größte Leistung auf akustischem Gebiet. Er erkannte sofort, wie er mit Hilfe der von ihm entdeckten Gesetze ein altes, noch ungelöstes Problem in Angriff nehmen konnte: die Bestimmung der Schallgeschwindigkeit in festen Körpern.
Anfang der neunziger Jahre des 18. Jahrhunderts gab es Versuche

zur Schallausbreitung in Holzlatten durch den in Frankfurt an der Oder wirkenden Christian Ernst Wünsch. Sie hatten das Ergebnis, daß die Schallgeschwindigkeit in diesem Material so hoch ist, daß sie mit der von Wünsch angewandten Methode nicht mehr genau gemessen werden konnte.

Chladni ging bei diesem Problem so vor, daß er Stäbe aus dem zu untersuchenden Material zu Longitudinalschwingungen erregte. Ist der Stab in der Mitte eingespannt, so liegt bei der Grundschwingung der Knoten an der Einspannstelle, und an den freien Enden befinden sich Schwingungsbäuche. Der beim Reiben des Stabes erzeugte Ton wird verglichen mit dem Grundton einer gleichlangen offenen Pfeife, die dasselbe Schwingungsverhalten wie der Stab zeigt. An der Erregungsstelle (d. h. am Anblaseende) und am offenen Ende befinden sich Schwingungsbäuche, die Luftteilchen haben dort die größte Amplitude, in der Mitte der Pfeife ist jedoch ein Schwingungsknoten. Das gemessene Frequenzverhältnis zwischen Stab- und Pfeifenton – Chladni hatte ein sehr gutes Gehör – ist direkt gleich dem Verhältnis der Schallgeschwindigkeit im Stab zu der in Luft; die Geschwindigkeit in Luft war zu Chladnis Zeiten schon recht gut bekannt. Auf diese Weise war es ihm möglich, die Geschwindigkeit des Schalles (genauer: der Dehnwellen) in Zinn, Silber, Kupfer, Eisen, Glas und in verschiedenen Hölzern zu messen.

Es wurde schon erwähnt, daß Chladni bei seinen Untersuchungen Transversal- und Longitudinalwellen streng unterschied. Bei Stäben machte er nun auch die Entdeckung der Torsionswellen, die er dadurch erzeugte, daß er auf das Stabende mit einem feuchten Tuch ein zeitabhängiges Drehmoment wirken ließ. Er erkannte, daß Torsionswellen eine besondere Form von Transversalwellen sind.

Im Jahre 1777 hatte der Engländer Bryan Higgins die „singende Flamme" entdeckt. Führt man eine Gasflamme in ein senkrecht stehendes, beiderseits offenes Rohr ein, so beginnt bei einer bestimmten Lage von Rohr und Gasflamme und einem bestimmten Gasdruck die ganze Anordnung zu tönen. Chladni erklärte 1795 diese Erscheinung als Eigenschwingungen des Gases im beiderseits offenen Rohr. Die dazu gehörigen Versuche führte er in Danzig bei dem Naturforscher Johann Christian Aycke und in Berlin bei dem Chemiker und Mediziner Sigismund Friedrich

Hermbstädt durch. Stellt man mehrere Rohren unterschiedlicher
Länge nebeneinander auf und bringt sie mittels Gasflammen
zum Tönen, so nennt man eine solche Anordnung eine chemische
Harmonika. Die genaue Erklärung des Phänomens ist jedoch
ziemlich verwickelt. Die Flamme und das Resonatorrohr bilden
ein Rückkopplungssystem, bei dem die thermische Anregungs-
energie über eine durch die Strömung im Rohr hervorgerufene
Flammenveränderung einen periodischen Vorgang (Schall) erzeugt, der eine Rückwirkung auf die Flammengröße hat. Die sich
verändernde Form der Flamme wurde schon vor Chladni 1794
von dem Erfurter Gelehrten Johann Bartholomäus Trommsdorff
beobachtet. Die Tonhöhe der singenden Flamme ist – entgegen
der Ansicht Chladnis – in Wirklichkeit höher als der Eigenton,
den man bei Abwesenheit der Flamme durch Anblasen des Rohres
erhält. Man erklärt sich diesen Umstand durch die Existenz der
Verbrennungsgase im Rohr, die eine höhere Schallgeschwindigkeit bedingen.
Schon kurz nach Fertigstellung des Euphons beschäftigte sich
Chladni mit der Frage, wie man bei diesem Instrument das
Reiben der Stäbe mit den Fingern durch eine mechanische Vor-
richtung ersetzen kann. Am günstigsten wäre dabei ein Spielen
mittels Tastatur. Das erreichte er durch eine über einen Fußtritt
in Umdrehungen zu versetzende und vorher angefeuchtete Walze,
die mit Glaszylindern belegt war und gegen die mittels Tastatur
die Streichstäbe gedrückt wurden. Dabei erfolgte eine Anregung
der Streichstäbe zu Longitudinalschwingungen – wie das auch
schon beim Euphon durch Fingerreibung geschah –, die diese
dann auf die eigentlichen Klangstäbe übertrugen und sie zu Transversalschwingungen erregten. Das Prinzip des Instruments, das
Chladni Clavicylinder nannte, war der Tonerzeugung bei der
Glasharmonika gewissermaßen entgegengesetzt,

... bei dieser sind nämlich die sich um ihre Achse drehenden Glocken der
klingenden Körper, und die Finger ... sind der streichende Körper, aber
bei einem Clavicylinder ist die sich umdrehende Walze der streichende Körper, und das, was unmittelbar oder mittelbar angedrückt wird, ist der klin-
gende Körper. [9, S. 9–10]

Nach jahrelangen Versuchen hatte Chladni 1800 das erste der-
artige Instrument fertiggestellt, aber auch später arbeitete er
daran weiter, verbesserte es und gab verschiedene mögliche Bau-

7 Clavicylinder, gebaut von L. Concone um 1811 (Foto: Musikinstrumentenmuseum der Karl-Marx-Universität Leipzig)

arten an. Den Tonumfang dehnte er schließlich auf 4½ Oktaven aus. Wie schon beim Bau des Euphons hatte er zur Herstellung des Clavicylinders nur die Hilfe eines Tischlers für das Gehäuse, eines Schlossers für die Stäbe und eines Glasbläsers für die gläsernen Teile in Anspruch genommen, alles andere hatte er in Eigenbau geschaffen,

... weil es doch angenehm ist, wenn man etwas selbst Verfertigtes benutzen kann, und weil dergleichen mechanische Arbeiten, wenn auch dabei bisweilen etwas Anstrengung stattfindet, der Gesundheit des Körpers und des Geistes zuträglicher sind als ein übermäßig langes Sitzen am Studiertische. [9, S. VII]

Der Clavicylinder hatte den Vorteil, daß man bei ihm einen Ton so lang wie nötig fortdauern lassen konnte. Auch war die

40

Lautstärke durch stärkeren oder geringeren Druck auf die Tasten variabel zu gestalten. Was den Vergleich einer musikalischen Darbietung auf dem Euphon und auf dem Clavicylinder anbetrifft, so sagte Chladni selbst dazu:

Mir scheint das Spielen und das Hören des Clavicylinders mehr mit einer gesunden und nahrhaften Speise zu vergleichen zu sein, von der man viel und oft genießen kann; das Spielen und das Hören des Euphons aber mehr mit einer Leckerei, von der man weniger und seltener, etwa zum Dessert, einiges genießen muß. [9, S. 12]

Die Ergebnisse seiner Experimente veröffentlichte Chladni in der Form wissenschaftlicher Arbeiten, die in verschiedenen Zeitschriften erschienen. Auch die Reise- und Vortragstätigkeit führte er weiter und besuchte u. a. Berlin, Dresden, Prag und Wien.
1801 starb seine Stiefmutter. Chladni verließ sein Elternhaus in der Wittenberger Mittelstraße 5, das er bereits 1792 verkauft hatte, und nahm eine Wohnung im Haus Schloßstraße 10 mit dem Namen „Zur Goldenen Kugel". Dort lebte auch der Nachfolger von Titius auf dem Wittenberger Lehrstuhl für Physik, Christian August Langguth. Die „Goldene Kugel" war ebenfalls der Wohnsitz des Theologieprofessors Michael Weber; hier kam 1804 dessen Sohn Wilhelm zur Welt, der später berühmte Physiker, der mit Carl Friedrich Gauß zusammengearbeitet hat und als einer der Göttinger Sieben 1837 gegen die Aufhebung des liberalen Grundgesetzes durch den hannoverschen König protestierte. Letzteres führte zu seiner Entlassung und zur Ausweisung aus dem hannoverschen Staat, die erst nach der Revolution 1848 rückgängig gemacht wurde, so daß 1849 Weber auf seinen alten Platz in Göttingen zurückkehren konnte. Der häufige persönliche Umgang des jungen Wilhelm Weber mit Chladni im Hause Schloßstraße 10 hat später nicht nur auf die Themenwahl seiner ersten Forschungsarbeiten gewirkt — er hat sich zusammen mit seinem Bruder Ernst Heinrich Weber der Wellenlehre zugewandt —, sondern auch die progressive politische Haltung des späteren Göttinger Professors hat hier eine ihrer Wurzeln. Weber selbst hat in einem von ihm verfaßten Lebensbild Chladnis auf diese Tatsache hingewiesen.

Übrigens war Hannover eine der Städte, die Chladni auf seinen Reisen weniger gern besucht hat. Er beklagte sich in Briefen „über die gar zu große Absonderung der Stände" dort. Auch

8 Portal des Hauses Wittenberg, Schloßstr. 10 (Foto: Institut fur Denkmal-
pflege. Arbeitsstelle Halle/S.)

diese Bemerkung wirft ein Licht auf Chladnis demokratische
Gesinnung. Wilhelm Weber äußerte sich über Chladnis Verhältnis zu den Mitmenschen in dem erwähnten Lebensbild wie folgt:

Er besaß das beste Zutrauen zu allen Menschen, schätzte den Bauer, den
Handwerksmann und das Mitglied jedes Standes in seiner Art, setzte jeden,

42

von dem er glaubte, er leiste etwas Gutes, in seiner Art sich gleich. [13, S. 195]

Chladni hatte an die 1768 gegründete Jablonowskische Gesellschaft der Wissenschaften in Leipzig (der Vorgängerin der heutigen Sächsischen Akademie der Wissenschaften) eine Abhandlung zu der von ihr 1797 gestellten mathematischen Preisaufgabe: „Theorie der Akustik und der dabei vorkommenden Hauptsätze, nach den neuesten Untersuchungen und Entdeckungen" gesandt. Das Motto „Quantum est, quod nescimus" („Es gibt so viel, was wir nicht wissen"), das der Verfasser seiner Abhandlung voranstellte, beleuchtete den Wissensstand in der physikalischen Akustik ganz treffend. Die Ausschreibung dieser Aufgabe ging wohl hauptsächlich auf den Leipziger Physiker und Mathematiker Karl Friedrich Hindenburg zurück. Chladni wurde am 2. 1. 1799 der Preis zuerkannt. Er hat diese Abhandlung als Grundlage für eine große Monographie über Akustik benutzt, die dann 1802 beim Verlag Breitkopf & Härtel in Leipzig erschien.

Dieses Werk ist nicht nur das erste Lehrbuch der Akustik überhaupt, sondern in ihm wird dieser Wissenszweig der Physik auch das erste Mal systematisch als Lehre von den Schwingungen elastischer Körper beschrieben und ein Lehrgebäude errichtet, das nun als gleichwertig neben den anderen Gebieten der Physik gelten konnte. Die Art, wie Chladni alle vorhandenen akustischen Arbeiten und Abhandlungen sammelte und genau zitierte und dieses Material mit seinen eigenen Forschungen zu einem einheitlichen Ganzen verband, ist in höchstem Grade bewunderungswürdig und mustergültig. Charakteristisch für dieses Werk ist auch der überall durchgeführte Vergleich zwischen Theorie und Praxis.

Das Buch gliedert sich in vier Teile: 1. einen arithmetischen Teil, in dem die Töne und ihre Beziehungen untereinander behandelt werden, 2. einen Teil, der von den Ursachen der Schallentstehung, den Schwingungen elastischer Körper, berichtet, 3. einen Teil, der die Schallausbreitung und die mit ihr verbundenen Probleme bespricht, und schließlich 4. einen physiologischen Teil, der die Fragen des Schallempfangs behandelt. Mit diesem klaren Aufbau des Buches erreichte Chladni zugleich eine Übersichtlichkeit des Lehrgebäudes, wie es für diesen Fall bisher noch nie so gelungen war.

Es wurde schon darauf hingewiesen, daß Chladni auch seine
eigenen Forschungsergebnisse in diese Monographie hineingear-
beitet hat. So bespricht er nach Erklärung der longitudinalen
Schwingungen einer Luftsäule, wie sie bei der Tonerzeugung in
den Blasinstrumenten und den Orgelpfeifen auftreten, die Möglichkeit, aus diesen Gesetzmäßigkeiten die Schallgeschwindigkeit
in verschiedenen Gasarten zu bestimmen, wobei noch einmal
daran erinnert wird, daß man bisher nur den Wert der Schallgeschwindigkeit in Luft kannte. Dazu blies Chladni eine zinnerne
Orgelpfeife mit verschiedenen Gasen an und verglich die Tonhöhe mit der, welche dieselbe Pfeife mit Luft gab. Das Frequenzverhältnis ist gleich dem Verhältnis der Schallgeschwindigkeit in dem untersuchten Gas zu der in Luft. Für Experimente
solcher Art fehlten Chladni in Wittenberg die erforderlichen
chemischen Apparaturen. Als er sich in Wien aufhielt, bot sich
die Möglichkeit, mit den Geräten des Chemikers und Botanikers
Joseph Franz von Jacquin zu arbeiten. Durch solche Versuche
erhielt Chladni die Werte der Schallgeschwindigkeit – wenn auch
mit noch nicht sehr großer Genauigkeit – für Sauerstoff, Wasser-
stoff, Stickstoff, Kohlendioxid und Stickoxid. Die theoretisch
nach der Newtonschen Formel $c = \sqrt{p/\varrho}$ (p – Druck, ϱ – Dichte)
errechneten Werte waren in allen Fällen (mit Ausnahme des
Wasserstoffs) kleiner als die experimentell ermittelten. Den
Grund für die Ungültigkeit dieser Formel für Gase fand erst
Laplace im Jahre 1816.
Ein Beispiel für den wichtigen Beitrag von Chladnis eigenen
Forschungen zum Lehrgebäude der Akustik ist auch seine Untersuchung der Stimmgabelschwingungen. Er erkannte nämlich,
daß man sich eine Stimmgabel in ihrer Grundschwingung entstanden denken kann aus den Biegeschwingungen eines Stabes mit
zwei Schwingungsknoten. Biegt man diesen Stab gabelförmig auf,
so rücken die Knoten in der Mitte eng zusammen. Wird die
Stimmgabel mit einem weichen Klöppel angeschlagen, so werden
die höheren Eigentöne – die ja zum Grundton unharmonisch
liegen – nur schwach erregt und klingen schnell wieder ab.
Über zwanzig Jahre später spielten Untersuchungen an der
Stimmgabel noch einmal eine Rolle. Chladni ging von der Beobachtung aus, daß eine schwingende Stimmgabel bei Drehung um
ihre Griffachse um 360° vier Intensitätsmaxima und -minima

besitzt; heute spricht man in diesem Fall von einem Strahler 2. Ordnung oder von einem akustischen Quadrupol. In einem Zeitschriftenartikel aus dem Jahre 1826 erklärte Chladni diesen Tatbestand. Die Stimmgabelzinken schwingen gegenphasig, d. h., die Zinken gehen entweder auseinander oder nähern sich. Entfernen sich die Gabelenden voneinander, so wird die Luft an der Außenseite der Zinken weggedrückt, sie erfährt eine nach außen gerichtete Geschwindigkeit. Zwischen den Zinken entsteht dann jedoch ein sich vergrößernder Zwischenraum, so daß die Luft hier eine nach innen gerichtete Geschwindigkeit erhält. Zwischen diesen Bereichen muß es Richtungen geben, in denen die Geschwindigkeit Null ist. Nach einer Halbperiode kehrt sich der Sachverhalt um, die Erklärung verläuft ganz analog. Eine einzelne Zinke schwingt wie ein Dipol, zwei Dipole mit der Phasendifferenz π ergeben das Strahlungsfeld der Stimmgabel.

Es ist nicht schwer, Chladni in seiner „Akustik" auch Irrtümer nachzuweisen. So erklärt er z. B. die Erscheinung der Differenztöne aus den Schwebungen. Differenztöne sind Sonderfälle der sogenannten Kombinationstöne, die dann entstehen, wenn zwei Töne mit den Frequenzen f_1 und f_2 gleichzeitig ins Ohr gelangen. Bei entsprechender Intensität hört man dann außer den beiden Primärtönen auch besonders den ersten Differenzton $f_1 - f_2$. Die Erscheinung wurde durch den deutschen, aus Mellenbach (Thüringer Wald) stammenden Organisten Georg Andreas Sorge 1744 das erste Mal beschrieben, die Töne werden jedoch gewöhnlich nach dem italienischen Geiger Tartini benannt. Chladni konnte noch nicht wissen, daß das Problem komplizierter ist; Hermann von Helmholtz hat 1856 diese Töne, die erst im Innenohr entstehen, durch nichtlineare Effekte erklären können. Solche und ähnliche Beispiele schmälern in keiner Weise die Bedeutung der ersten Monographie über Akustik.

Die großen Reisen und das Lebensende

Gefallen an Harmonie erhält den Geist in
ewiger Jugend.   Chladni

Ende des Jahres 1802 begann eine Reiseperiode, die Chladni,
nur unterbrochen durch kurze Gastrollen in Wittenberg, bis 1812
wieder durch halb Europa führte. Es ist klar, daß er bei dieser
Lebensweise nicht an die Gründung einer Familie denken konnte.
Sicher war das für ihn ein schmerzlicher Verzicht. Aus Göttingen
schrieb er einmal in einem Brief über seine Zuhörer,

... unter denen sich mehrere der ausgezeichnetsten wissenschaftlichen Männer und auch verschiedene der vorzüglichsten Damen befinden, welches auch
in Gotha der Fall war. Nur muß man sich da etwas in acht nehmen, und
wenn 1 oder 2 sehr hübsche Fräulein sich immer einem gerade gegenuberset-
zen, und einen freundlich ansehen, ihnen nicht etwa gar zu scharf in die
Augen sehen, um nicht etwa im Vortrag etwas konfus zu werden. [17, S. 142]

Unter den Zuhörern waren also viele, die am dargebotenen Thema
ernsthaft interessiert waren.
Eine der frühesten Reisen dieser Periode führte nach Weimar, wo
es auch ein erstes Zusammentreffen mit Johann Wolfgang v.
Goethe gab. Der Hausherr im Haus am Frauenplan bekam als
Gastgeschenk „Die Akustik" überreicht und vertiefte sich sofort
in das Werk. Goethe, der in seinen naturwissenschaftlichen Arbeiten in großen Zusammenhängen dachte, wollte später eine
Verbindung zwischen den Klangfiguren und den von Thomas
Johann Seebeck entdeckten entoptischen (d. h. im Körper entstehenden) Farbfiguren herstellen, die infolge Spannungsdoppel-
brechung bei polarisiertem Licht in Gläsern entstehen. In Wirklichkeit bestehen zwischen beiden Erscheinungen keine physikalischen Zusammenhänge. Aus brieflichen Äußerungen Goethes an
Friedrich v. Schiller, Carl Friedrich Zelter und Wilhelm v. Humboldt geht nicht hervor, daß man sich bei dieser ersten Begegnung auch über das Meteoritenproblem unterhielt, das Goethe
ebenfalls interessierte. Aus den verstreut existierenden Berichten
der Reiseperiode von 1802 bis 1812 wissen wir lediglich von
akustischen Themen bei seinen Vorträgen.

9 Chladni führt seine Klangfiguren vor. Bleistiftzeichnung 1800 (aus Physikalische Blätter 10 (1954) 26)

Ungeachtet dessen ging die Beschäftigung Chladnis mit dem Meteoritenthema auch in diesen Jahren weiter. Zahlreiche Zeitschriftenartikel beweisen, daß er die Entwicklung aufmerksam verfolgte und seine Theorie weiter ausbaute.

Chladni schrieb Goethes Sohn August am 29. Januar 1803 die Worte ins Stammbuch, die als Motto über diesem Abschnitt stehen. Daß die Instrumente Euphon und Clavicylinder praktisch Chladnis Erwerbsquelle waren, erkannte auch Goethe und schrieb in einem Brief an W. v. Humboldt vom 14. März 1803:

Doktor Chladni war vor einiger Zeit hier. Durch ein abermals neuerfundenes Instrument introduziert er sich bei der Welt und macht sich seine Reise bezahlt, denn bei seinen übrigen Verdiensten um die Akustik könnte er zu Hause sitzen, lange weilen und darben.

Ein interessantes kulturhistorisches Zeugnis ist die Beschreibung von Chladnis Tätigkeit in Weimar in dem damals in dieser Stadt erscheinenden „Journal des Luxus und der Moden" vom 8. Februar 1803:

Wir hatten vor kurzem das Vergnügen, das neue Instrument des erfindungsreichen und gelehrten Dr. Chladni durch ihn selbst kennenzulernen und uns durch die Erfahrung und den Augenschein zu überzeugen, daß alles, was bisher im Publikum zu seinem Lobe verbreitet wurde, vollkommen begründet sei. Der kleine Raum von wenig Fuß Länge und Breite umschließt eine kleine Welt voll sanfter, zwischen Harmonika und Flöte süß hinschwebender Töne, und darf doch nur als die erste Stufe einer noch weit höher zu treibenden Erfindung betrachtet werden. Denn es ist wohl keinem Zweifel unterworfen, daß das Instrument selbst in diesem beschränkten Raume schon des süßesten Spiels, wenn nur der rechte Vortrag dazu kommt, und die Kunst den Grazien zu opfern versteht, gar sehr empfänglich ist. Man hat allerlei andere sehr glückliche Versuche damit gemacht, woraus hervorging, daß es sich mit der Menschenstimme sehr wohl vermählen läßt und dadurch neue Reize und Anwendbarkeit erhält. Das erste Mal spielte Herr Dr. Chladni vor dem versammelten Hofe, das zweite Mal gab er ein Konzert auf Subskription und beschloß seine musikalische Akademie mit einer Vorlesung über die Gesetze, nach welcher sich die Schwingungen der Töne bewegen, wie sie der scharfsinnigen Theorie, die er in seiner „Akustik" darüber aufgestellt hat, zum Beweis und zur Unterlage dienen. [15, S. 26–27]

Die Reaktion, die Chladnis Vorlesungstätigkeit hatte, umfaßte im allgemeinen die ganze Skala von Anerkennung bis Ablehnung. Die in Leipzig erschienene „Allgemeine musikalische Zeitung" schrieb im Juni 1805 über Chladnis Aufenthalt in Salzburg:

Es war ein allgemeiner Wunsch, er möchte wenigstens ein Halbjahr bei uns verweilen und Vorlesungen über Akustik halten.

Dagegen meldete die gleiche Zeitung vom 25. Mai 1807 aus Mannheim einen fast leeren Saal und schrieb:

... anderenteils aber findet nicht jeder seine Rechnung dabei, ein doch immer unvollkommenes, zumal mit geringer Kunst gespieltes Instrument, dessen Einrichtung nicht erklärt wird, anzuhören, und isolierte Experimente ohne erschöpfende Erklärung, als welche in solcher Eile gar nicht möglich ist, anzusehen.

Man kann Chladni jedoch nicht verübeln, wenn er den genauen Bau seiner Instrumente, die ja seine Erwerbsquelle waren, der Öffentlichkeit noch nicht bekanntgab.
Von besonderem Interesse ist eine Beobachtung, über die Chladni mehrfach berichtet hat. Am 14. Oktober 1806 hörte er in Wittenberg den Kanonendonner der bei Jena und Auerstedt (im heutigen Kreis Apolda) tobenden Schlacht zwischen dem französischen und preußischen Heer, also über eine Entfernung von ca. 150 km. Solche Fälle von Schallausbreitung über sehr große Entfernungen findet man in der älteren Literatur häufig. Sie erwecken oft

ungläubige Zweifel, wenn aber ein Akustiker wie Chladni darüber schreibt, sind die Berichte auf alle Fälle ernst zu nehmen. In unserem Jahrhundert sind solche Erscheinungen genauer untersucht worden. Man fand, daß es bei Luftschall zwei Hörbarkeitszonen gibt. Das innere Hörbarkeitsgebiet hat einen von der Stärke der Schallquelle nichts vernommen wird. Der Schall im zweiten Hörbarkeitszone beginnt bei etwa 120 km, während dazwischen – in der „Zone des Schweigens" – von den Ereignissen am Ort der Schallquelle nichts vernommen wird. Der Schall im zweiten Bereich, also der von Chladni vernommene Kanonendonner, kommt nicht direkt von der Quelle, sondern läuft über sehr hohe Atmosphärenschichten, wobei der Temperaturverlauf dort für den Schallweg maßgebend ist und die Absorption für tiefe Frequenzen nur gering ist.

Über Amsterdam, wo Chladni Ende 1807 eintraf, und Brüssel kam er kurz vor Jahresende 1808 nach Paris. Die Wahl des Ortes hatte ihre besonderen Gründe. In der Französischen Revolution sah Chladni den Anbruch eines neuen Zeitalters. Die gesellschaftlichen Veränderungen, die in Frankreich zur Revolution von 1789 führten, und die sich in der Industriellen Revolution entwickelnden kapitalistischen Produktionsverhältnisse wirkten sich auch fruchtbar auf die Weiterentwicklung der Naturwissenschaften aus. Die Bedingungen für diesen Prozeß waren in Frankreich so günstig, daß Chladni größtes Interesse daran hatte, seine Arbeiten in Paris durch die besten dort lebenden Mathematiker und Physiker begutachten zu lassen.

Von der Französischen Akademie, deren verschiedene Klassen ab 1806 unter dem Gesamtnamen „Institut de France" vereinigt waren, wurde eine Gutachterkommission ernannt, zu der aus der Klasse für Physik und Mathematik der Naturforscher B. G. E. Lacépède, der Mineraloge René Just Haüy und der Ingenieur G. C. F. M. R. de Prony gehörten. Auch Musiker befanden sich in dieser Kommission, so z. B. die Komponisten André Ernest Modeste Grétry und Etienne Nicolas Méhul. Der von ihnen angefertigte Bericht über den Clavicylinder und die mit ihm im Zusammenhang stehenden Entdeckungen Chladnis über Biegeschwingungen fiel recht günstig aus. Insbesondere erkannten die Franzosen die fundamentale Bedeutung des Werkes „Die Akustik" für den Fortschritt dieses Wissenszweiges der Physik. So

wurde der Wunsch nach einer französischen Übersetzung dieses
Buches laut.
Besondere Verdienste beim Zustandekommen einer Übertragung
– bereits 7 Jahre nach Erscheinen des Buches in Leipzig – hatte
die in Arcueil in der Nähe von Paris tagende Société d'Arcueil.
In diese Gemeinschaft der bedeutendsten Naturforscher wurde
Chladni eingeführt und traf dort neben Laplace auch Alexander
v. Humboldt an, außerdem den Mathematiker Siméon Denis
Poisson, den Physiker Jean Baptiste Biot und die Chemiker
Claude Louis Berthollet und Joseph Louis Gay-Lussac, um nur
die bedeutendsten zu nennen.
Die Ausführung einer solch umfangreichen Arbeit machte aus
Chladnis Besuch in Paris einen längeren Aufenthalt in dieser
Stadt. Es zeigte sich sehr schnell, daß eine wörtliche Übersetzung
der „Akustik" nicht in Frage kam; dazu lieferte schon die fran-
zösische Sprache nicht die große Zahl der verschiedenen Aus-
drücke, die es auf akustischem Gebiet im Deutschen gibt. Für
Begriffe wie z. B. Schall, Klang und Ton stand Chladni nur das
Wort „son" zur Verfügung. Auch gab es Schwierigkeiten mit der
Tonbezeichnung in den verschiedenen Oktaven. Die in Frankreich (und Italien) verwendeten Solmisationssilben waren im
Gegensatz zu den im deutschen Sprachgebiet üblichen Notenbe-
zeichnungen – z. B. C_2 bis h^4 – dazu direkt nicht geeignet.
Chladni brauchte aber für die Angabe der Tonverhältnisse eines
klingenden Körpers eindeutige Notennamen. Das Werk mußte
also in französischer Sprache umgearbeitet werden, so daß auch
die Paragrapheneinteilung in beiden Ausgaben unterschiedlich ist.
Bei der sprachlichen Formulierung halfen ihm Biot und Poisson
und im physiologischen Teil der Paläontologe Georges Cuvier,
der auch mit der deutschen Sprache gut vertraut war.
Georges Cuvier, der auch mit der deutschen Sprache gut ver-
Im Februar 1809 kam es zu einer Audienz bei Napoleon, bei der
außer Angehörigen des Hofes auch Laplace, Lacépède und Berthollet zugegen waren. Chladni führte den Clavicylinder vor und
zeigte seine Klangfiguren. Von Napoleon, der in mathematischen
Fragen Sachkenntnis zeigte, sagte Chladni im Zusammenhang
mit der Demonstration seiner Versuche:

Er wußte auch recht wohl, daß man noch nicht imstande ist, Flächen, die
nach mehr als einer Richtung auf verschiedene Art gekrümmt sind, so dem

Kalkül zu unterwerfen, wie krumme Linien, daß, wenn man hierin weitere
Fortschritte machen könnte, es auch zur Anwendung auf manche andere Gegenstände nützlich sein würde, und daß auch diese Versuche ein Mittel sein
würden, um manche Resultate der Theorie mit Resultaten der Erfahrung zu
vergleichen. [10, S. 141]

Chladni bekam am Tag nach der Audienz eine Anweisung auf
6 000 Franc und konnte – frei von wirtschaftlichen Sorgen – die
Übertragung seiner „Akustik" zu Ende führen. Das Werk erschien im November 1809 in Paris unter dem Titel „Traité
d'Acoustique" und trug auch in Frankreich dazu bei, die Weiterentwicklung dieses Zweiges der Physik zu fördern.
Es wurde Chladni nahegelegt, dem Werk eine Widmung an
Napoleon voranzusetzen. Dem Gast aus Wittenberg, der seine
Bücher bisher nur mit Widmungen an wissenschaftliche Gesellschaften und Akademien versehen hatte, wollte das gar nicht
behagen. Nachdem sich Napoleon 1799 zum Konsul ernannt hatte
und damit die Sicherung der Herrschaft der Großbourgeoisie
eingeleitet war, ist Chladni der entschiedene Gegner Napoleons
geworden. Er sah nun in der politischen Entwicklung einen Ver-
rat an den Zielen der Französischen Revolution. Es wurde Chladni
aber bewußt, daß eine solche Widmung unter den gegebenen
Umständen unumgänglich war, und er zog sich mit feiner Ironie
und einer Formulierung aus der Verlegenheit, die eigentlich nur
eine Tatsache ausdrückte: „Napoleon le Grand a daigné agréer
la dédicace de cet ouvrage, après en avoir vu les expériences
fondamentales" („Nachdem er selbst die wichtigsten Experimente
mit verfolgt hatte, geruhte Napoleon der Große, die Widmung
dieses Werkes anzunehmen"). Zu der Formulierung „Napoleon
der Große" sagte Chladni sofort entschuldigend, daß man sich
damals so ausdrücken mußte.
Das Institut de France hatte 1809 im Anschluß an Chladnis Demonstration der Klangfiguren eine Preisaufgabe zur mathematischen Behandlung der Biegeschwingungen von Platten ausgeschrie-
ben. Der Preis wurde 1816 der Mathematikerin Sophie Germain
zuerkannt. Damit war aber, wie sich herausstellte, das Problem
noch nicht gelöst. Sophie Germain hatte zwar der Gestalt nach
die richtige Differentialgleichung aufgestellt, jedoch war die Hypothese, die sie dabei zugrunde legte, zum Teil fehlerhaft. Das
machte sich durch falsche Randbedingungen bemerkbar.

Chladnis Aufenthalt in Paris im Kreise der bedeutendsten Gelehrten war für ihn ein voller Erfolg. Im März 1810 packte er seinen Reisewagen, und über Straßburg ging es nach Basel. Aus einem Brief aus dieser Stadt vom 8. Mai 1810 geht hervor, daß er auf dieser Reise Mineralien – vielleicht auch Meteorite – mit sich führte und sie dann nach Wittenberg vorausschickte. Das Meteoritenthema nahm er erst auf seinen Reisen ab 1815 mit in das Vortragsprogramm auf; der Brief dokumentiert jedoch die ständige Weiterarbeit auch an diesem Thema. Über Zürich kam Chladni nach Turin und blieb dort über den Winter 1810/11. Dem Instrumentenbauer Luigi Concone überließ er „gegen billige Vergütung" die Pläne für den Bau des Clavicylinders. Ein damals von Concone gebautes Instrument, welches dieser ausdrücklich als Erfindung von Chladni bezeichnete, befindet sich noch heute im Musikinstrumentenmuseum der Karl-Marx-Universität Leipzig (Abb. 7). Erst 1821 hat Chladni mit einer Buchpublikation, worauf wir noch eingehen werden, die Konstruktion des Euphons und des Clavicylinders bekanntgemacht.

Im Sommer 1811 hielt sich Chladni längere Zeit in Florenz auf. Dort kam jedoch keine rechte Vortragstätigkeit zustande. Er beklagte sich in einem Brief vom 14. Oktober 1811 über seinen Aufenthalt in dieser Stadt:

... wie man hier zwar, ebenso wie in Bologna, Lob haben kann, soviel man will, wenn man sich jedem, zu der Zeit, wenn es ihm beliebt, will umsonst hören lassen, aber niemand Lust hat, zu bezahlen. [22, S. 54]

Über Venedig, München, Wien, Karlsbad – wo er am 19. Juni 1812 ein zweites Mal mit Goethe zusammentraf – ging die Reise nach Wittenberg zurück. Die längste Reiseperiode Chladnis war damit zu Ende.

1812 erlitt Napoleons Heer in Rußland eine Niederlage, es zog sich unter schweren Verlusten zurück, und ein Teil schloß sich in die noch zu Sachsen gehörende Festung Wittenberg ein. Im Zuge der Einquartierungen in der Stadt wurden Hörsäle beschlagnahmt, und der größte Teil der Professoren übersiedelte in die nahe bei Wittenberg liegenden kleinen Städte Schmiedeberg und Kemberg. Auch Chladni verließ seine Wohnung in der Schloßstraße 10 und bezog Zimmer in Kemberg. Wittenberg selbst erlitt das Schicksal einer Festung. Im September 1813 begann die

Beschießung der Stadt durch die Preußen, wobei viele Häuser
ein Raub der Flammen wurden. Chladni, der ein Teil seines
Eigentums noch in seiner Wittenberger Wohnung hatte, verlor
durch Brand des Hauses viele Erinnerungsgegenstände, die er
im Laufe seiner Reisen gesammelt hatte. Nach dem Wiener Kongreß kam die Stadt an Preußen, und die Universität wurde 1816
mit der in Halle/S. vereinigt. Chladni blieb jedoch in Kemberg
wohnen, er verzichtete auf eine Rückkehr nach Wittenberg. Dieser
Entschluß ist sicher auch ein Zeichen der politischen Resignation,
die ihn im Zeitalter der Restauration nach dem Wiener Kongreß
befiel.
Chladni zog sich in die Arbeit zurück und begann in Kemberg
mit der Zusammenstellung eines Manuskripts für ein neues Buch.
Am 1. Januar 1815 schrieb er in einem Brief aus dieser Stadt:

Ich habe namlich wieder eine ganze Menge von neuen akustischen Beobachtungen gemacht, die ich bald als einen Nachtrag zu meinem Werke uber die
Akustik zu machen gedenke. Die Forschungen, besonders über das so merk-
würdige Zahlensystem, welches in den Tonverhältnissen einer Quadratscheibe
enthalten ist, waren sehr mühsam, haben aber doch eine ziemliche Ausbeute
von neuen Resultaten gegeben. [16, S. 449]

Chladni nimmt in das Manuskript aber auch seine Untersuchungen über rechteckige und elliptische Platten auf.
Seit dem Erscheinen der „Akustik" waren mehr als zehn Jahre
vergangen. Die in dieser Zeit gemachten Entdeckungen und die
neuen Erkenntnisse hatte Chladni gesammelt und mit genauer
Quellenangabe beschrieben, wobei der Stoff in der Reihenfolge
wie in der „Akustik" abgehandelt wird. Zwei wichtige Punkte
mögen hier herausgegriffen werden. Es wird die Ansicht von
Laplace erwähnt, daß die Zustandsänderungen in einem fluiden
Medium adiabatisch verlaufen. Dadurch ergibt sich eine Korrek-
tur der Newtonschen Formel, die die richtigen Werte für die
Schallgeschwindigkeit liefert. Die Gedankengänge von Laplace
waren bei der Drucklegung des Buches noch ganz neu. Deshalb
urteilt Chladni in diesem Punkt vorsichtig und gibt auch kritischen
Stimmen Raum.
1808 hatte der Physiker Biot, den Chladni von seinem Parisaufenthalt her persönlich kannte, Messungen der Schallgeschwindigkeit in eisernen Röhren angestellt und dabei Ergebnisse bekommen, die mit denen von Chladni der Größenordnung nach

übereinstimmten. Zu diesem Zweck benutzte Biot das Wasser-
leitungssystem von Paris und maß die Zeitdifferenz zwischen der
Schallfortpflanzung längs des Rohres und durch die Luft. Mit
der Kenntnis des benutzten Laufweges von 951 m und der bekannten Schallgeschwindigkeit in Luft konnte der Wert für Eisen
berechnet werden.
Als Chladnis Manuskript in Buchform unter dem Titel „Neue
Beiträge zur Akustik" 1817 in Leipzig erschien, war der Verfasser
schon seit längerer Zeit wieder auf Vortragsreise.
Im Frühjahr 1815 begann eine neue Reiseperiode, die zunächst
über Leipzig und Dresden ins Erzgebirge führte. In Dresden hat
er viel Zeit in Mineraliensammlungen und in der Königl. Bibliothek (der heutigen Sächsischen Landesbibliothek) zugebracht. Nach
einem kurzen Zwischenaufenthalt in Kemberg war Chladni vom
November 1815 bis März 1816 wieder in Berlin. Am 21. Dezember
1815 erfolgte seine Wahl zum korrespondierenden Mitglied der
Preußischen Akademie der Wissenschaften (der Vorgängerin der
Akademie der Wissenschaften der DDR). Das Titelblatt des
1817 erschienenen – eben erwähnten – Buches weist die Mitglied-
schaft bei 11 Akademien und wissenschaftlichen Gesellschaften
nach. Für Chladni war die Wahl in eine solche Vereinigung nicht
nur eine Anerkennung seiner wissenschaftlichen Leistungen, sondern sie sollte ihm auch die nötige Popularität bringen, die er
für eine erfolgreiche Vortragstätigkeit dringend benötigte.
In Berlin fand Chladni ein freundschaftliches Verhältnis zu Carl
Friedrich Zelter. Dieser Sohn eines Maurergesellen hatte neben
seiner Lehre als Maurer auch das Klavier- und Geigenspiel er-
lernt und im Jahre 1800 die Leitung der Berliner Singakademie
übernommen. Chladni wußte, daß Zelters wirtschaftliche Verhältnisse nicht die besten waren und schrieb in einem Brief aus
Berlin im März 1816 über den Musiker:

Da er eine sehr zahlreiche Familie hat, für die er sorgen muß, so mochte
er schwerlich viel Geld auf Ankaufung neuer Bucher wenden konnen. Fast
alle seine Freunde und Bekannten schenken ihm ihre Schriften, und ich habe
es auch immer getan. [16, S. 458]

Durch Zelters Vermittlung hätte es zur Jahreswende 1815/16
vielleicht zu einer Anstellung Chladnis in Berlin kommen können.
Wegen seines fortgeschrittenen Alters und der damit verbundenen
zunehmenden Beschwerlichkeit des Reisens wäre Chladni eine

solche Möglichkeit grundsätzlich angenehm gewesen. Sicher scheiterte sie aber an seiner Furcht vor Abhängigkeiten und Bindungen.
Die Hauptbeschäftigung während dieser Reiseperiode galt den Meteoriten. Wir wissen, daß er dieses Thema jetzt in seine Vortragstätigkeit aufgenommen hatte und seine Meteoritensammlung, die bei seinem Tode 41 Stück umfaßte, als Demonstrationsobjekt mitführte.
Chladni begann mit einer umfassenden Dokumentation aller bekannten Meteoritenfälle und -funde, also einer Erweiterung seiner Schrift von 1794 unter Hinzufügung aller in der Zwischenzeit gewonnenen neuen Erkenntnisse, wie er das für die Akustik bereits in seinem Werk „Neue Beiträge zur Akustik" getan hatte. Aus den Briefen dieser Zeit geht hervor, daß das Manuskript zu dem Buch Ende 1817 bereits größtenteils ausgearbeitet war. Er wollte aber die Reise benutzen, um noch weiteres Material zu sammeln.
Im August 1816 kam Chladni auch wieder durch Weimar und unterhielt sich mit Goethe intensiv über Meteorite. Dabei kam auch der Gedanke einer Professur für Chladni in Jena zur Sprache, für die sich Goethe beim Weimarer Ministerium befürwortend eingesetzt hat. In einem Schreiben an den zuständigen Weimarer Minister vom 16. August 1816 schrieb er:

Wenn Chladni für ein Mäßiges in Jena zu fixieren ist, so wird er immer wohltätig wirken. Er hat die Klanglehre und die Meteorsteine festgehalten und emsig durchgearbeitet, das ist immer ein großes Verdienst. [21, S. 233]

Aber auch hier – wie schon vorher in Berlin – scheiterte der Plan.
Goethe hat sich bis zu seinem Lebensende nicht zur Anerkennung des kosmischen Ursprungs der Meteorite durchringen können. Für ihn waren sie eine meteorologische Erscheinung, und er sprach von ihnen als „Atmosphärilien", in der Atmosphäre gebildete Körper. Im Wort Meteor (und dem daraus abgeleiteten Wort Meteorit) kommt diese damals weitverbreitete Vorstellung noch heute zum Ausdruck. Das griechische Wort „met-eoros" heißt „schwebend", „mitten in die Luft gehoben", und auch die Wetterkunde leitet davon ihren Namen ab. Die alte Vorstellung von einer Feuerkugel, die durch Entzündung von der Erde aufsteigen-

der brennbarer Gase entsteht, hat Goethe nicht losgelassen. Schloß man die Dämpfe, die bei der Verhüttung von Erzen entstehen, in die Erklärung mit ein, so hatte man gleich eine Ursache für die beobachteten Eisenmeteorite. In der Sammlung „Gott, Gemüt und Welt" steht ein Vers Goethes, der dieser Überzeugung dichterischen Ausdruck gibt.

> Durchsichtig erscheint die Luft so rein
> Und trägt im Busen Stahl und Stein.
> Entzündet werden sie sich begegnen;
> Da wird's Metall und Steine regnen.

Chladni hat auf seiner Reise erneut alle sich bietenden Gelegenheiten genutzt, um sein Manuskript zu vervollständigen. In Gotha studierte er vier Wochen lang in der dortigen Bibliothek, der heutigen Forschungsbibliothek im Schloß Friedenstein, dort aufbewahrte Nachrichten über Meteoritenfälle und -funde. Göttingen bot ihm mit seinen Bücherschätzen viel wertvolles Material zu dem Thema. Die Stadt, so schrieb Chladni einmal in einem Brief, sei ein vortrefflicher Ort für einen, der sich ausschließlich mit der Wissenschaft beschäftigen will. Über so manche Göttinger Professoren jedoch äußerte er sich kritisch; sie würden oft mehr Eifer für Vorlesungshonorare als für die Weiterentwicklung der Wissenschaft zeigen. Über Bremen und Hamburg ging die Reise ins Rheinland und nach Süddeutschland. Von dort machte er im Sommer 1818 einen Abstecher nach Paris, um in den Bibliotheken und Naturalienkabinetten vieles nachzusehen. Der weitere Weg führte über Stuttgart und München 1819 nach Wien, wo dann Chladnis neues Buch mit dem Titel „Über Feuermeteore, und über die mit denselben herabgefallenen Massen" erschien.
In den seit seiner ersten Meteoritenschrift von 1794 verflossenen 25 Jahren waren im Bereich der Astronomie und Mineralogie bedeutende Entdeckungen gemacht worden, die Chladnis Theorie stützten. Die ersten neuen Ergebnisse kamen von der chemischen Untersuchung der Meteorite. Der Engländer Edward Howard hatte 1802 gefunden, daß im gediegenen Eisen sowohl der gefundenen Stücke als auch derjenigen, deren Niedergang beobachtet worden war, stets ein Nickelanteil vorhanden war. Der Berliner Chemiker Martin Heinrich Klaproth hatte zur gleichen Zeit ähnliche Ergebnisse bekommen. Da er jedoch zunächst zu denen gehörte, die sich der Theorie Chladnis gegenüber reserviert zeigten,

56

Ueber

Feuer - Meteore,

und

über die mit denselben

Herabgefallenen Maſſen,

von

Ernſt Florens Friedrich Chladni

der Philoſophie und Rechte Doctor, der kaiſerl. Akademie der Wiſſenſchaften
zu St. Petersburg, der königl. Akademien zu Berlin, München und Turin,
der königl. Societäten der Wiſſenſchaften zu Göttingen und zu Haarlem,
der Geſellſchaft naturforſchender Freunde zu Berlin, der philomatiſchen zu
Paris, der Großherzogl. mineralogiſchen zu Jena, der Akademie der Künſte
und Wiſſenſchaften zu Livorno, der Geſellſchaft für Naturkunde zu Rot-
terdam, der Hamburgiſchen zu Beförderung der Künſte und nützlichen Ge-
werbe, der naturforſchenden Geſellſchaft zu Halle, der naturhiſtoriſchen
zu Hannover, und noch einiger andern theils Mitgliede, theils
Correſpondenten.

Nebſt zehn Steindrucktafeln und deren Erklärung,

von.

Carl von Schreibers,

Director der k. k. Hof-Naturalien-Cabinete zu Wien.

Wien. 1819.

Im Verlage bey J. G. Heubner.

10 Titelblatt der Meteoritenschrift von 1819 (Foto: Deutsche Staatsbibliothek Berlin/DDR)

hatte er seine Resultate vorerst nicht veröffentlicht. So kam ihm Howard zuvor. Später gehörte Klaproth jedoch zu den Anhängern von Chladnis Theorie, und er betonte, daß der Nickelgehalt geradezu ein chemisches Kriterium sei, nach dem man die Meteorite von den Eisenfunden terrestrischen Ursprungs unterscheiden könne. (Heute benutzt man noch zusätzliche Kriterien, um die meteoritische Natur nachzuweisen.)
Eine zweite Stütze für Chladnis Ansichten lieferte die Astronomie. Schon seit längerer Zeit fand man die Lücke zwischen den Planeten Mars und Jupiter bemerkenswert und vermutete hier einen Planeten, so wie es auch aus der anfangs schon erwähnten Titius-Bodeschen Reihe folgen müßte. Da entdeckte in der Neujahrsnacht 1801 der Italiener Giuseppe Piazzi einen kleinen Planeten – er bekam den Namen Ceres –, dessen Bahn zwischen Mars und Jupiter lag. Den zweiten Planeten dieser Art – Pallas – fand der mit Chladni befreundete Olbers im Jahre 1802, und bis 1807 waren insgesamt vier kleine Himmelskörper im Raum zwischen Mars und Jupiter bekannt. Das nächste Objekt dieser Art fand man erst 1845. Olbers stellte aufgrund der kleinen Durchmesser dieser Himmelskörper und ihrer nahezu übereinstimmenden Umlaufszeiten um die Sonne (wenigstens für die drei zuerst entdeckten Planetoiden) die Hypothese auf, daß sie Bruchstücke eines ehemals viel größeren Planeten seien. Hier gab es auf einmal Hinweise auf die von Chladni behauptete Veränderlichkeit der Himmelskörper, wie er sie im Paragraphen „Einige fernere Erläuterungen" am Schluß seiner Meteoritenschrift von 1794 beschrieb. Wie wichtig die Entdeckung der ersten Planetoiden für Chladni war, zeigt seine Bemerkung in einem Artikel der Zeitschrift „Annalen der Physik" [Bd. 10 (1805) S. 272]:

Schon in meinem 11. oder 12. Jahre, sooft ich eine Karte, auf welcher die Bahnen der Planeten verzeichnet waren, ansah, gereichte mir der unverhältnismäßige Abstand des Mars vom Jupiter zum großen Ärgernis, und ich wartete schon seit dieser Zeit recht sehnlich darauf, daß ein dazwischen befindlicher Weltkörper möchte entdeckt werden.

1808 entdeckte Alois Beck von Widmannstätten eine Musterung, wie sie bei Ätzung einer angeschliffenen Fläche von Eisenmeteoriten mit Salpetersäure zu sehen ist. Diese sog. Widmanstättenschen Figuren sind durch die Kristallstruktur bestimmt und schließen die Verwechslung eines Fundes mit terrestrischem Eisen aus.

Der große Meteoritenfall von L'Aigle in der Normandie am 26. April 1803 trug schließlich mit dazu bei, daß Chladnis Vorstellungen allmählich anerkannt wurden.

Bei heiterem Himmel ... sah man ... in Gegenden, die sehr weit voneinander entfernt waren, eine Feuerkugel, die sich schnell von SO nach NW bewegte. Einige Augenblicke darauf hörte man in der Gegend von L'Aigle ... eine starke Explosion, die 5 bis 6 Minuten dauerte, und 3 bis 4 Kanonenschüssen und darauf folgendem kleinen Gewehrfeuer, und einem schrecklichen Getöse, wie von vielen Trommeln, ähnlich gefunden ward. Das Meteor, welches dieses Getöse machte, erschien dort nicht sowohl als Feuerkugel, sondern vielmehr ... als ein kleines Wölkchen ... In der ganzen Gegend, über welcher das Wölkchen schwebte, hörte man ein Zischen, wie von Steinen, die aus einer Schleuder geworfen werden, und es fielen eine große Menge von Meteorsteinen nieder. Die Gegend, auf welcher die Steine sich verbreitet haben, bildet eine elliptische Fläche ... [8, S. 269–270]

Die Französische Akademie der Wissenschaften hatte eine Untersuchungskommission unter Leitung von Biot nach L'Aigle geschickt, deren Bericht die Nachrichten der Augenzeugen bestätigte. In einem abschließenden Abschnitt seines Werkes mit dem Titel „Über den Ursprung der herabgefallenen Massen" konnte Chladni für die These, daß Meteorite Trümmer von zerstörten Weltkörpern sind, nun auf die Existenz der Planetoiden hinweisen. Er selbst neigte jedoch mehr zu der Ansicht, daß Meteorite eine Art Urmaterie seien, die noch nie einem größeren Weltkörper angehört hätten. Unter Hinweis auf den Orionnebel schrieb er zur Urmaterie:

Höchstwahrscheinlich sind viele von den Nebelflecken, die sich durch die stärksten teleskopischen Vergrößerungen nicht in einzelne Sterne auflösen lassen, und an denen man Veränderungen der Gestalt bemerkt, nichts anders, als eine solche in einem lockern Zustande durch ungeheure Räume verbreitete leuchtende Materie. [8, S. 403–404]

Im nächsten Abschnitt wird gezeigt, wie aktuell Chladnis Ansicht von 1819 heute ist.

Der Direktor des Wiener Naturalienkabinetts, Carl Franz Anton von Schreibers, hat zu Chladnis Buch einen reich bebilderten Nachtrag geliefert, in dem er allerdings auf den kosmischen Ursprung der Meteorite nicht eingegangen ist.

Die ablehnende Haltung einiger Gelehrter hat Chladni selbst

nicht mehr berührt. Im Prinzip hatte sich seine Theorie schon als richtig erwiesen, und über die noch existierenden Zweifler konnte er schreiben:

Wen diese Gründe nicht überzeugen, ... mit dem muß man .., nicht streiten, sondern ihm seine fixe Idee lassen. [8, S. 420]

Die völlig veränderte Lage in der Beurteilung des Wertes von Meteoriten auch bei den Behörden beleuchtet ein Abschnitt aus einem noch unveröffentlichten Brief Chladnis an E. H. Weber vom 27. Januar 1820, der in der Universitätsbibliothek Leipzig aufbewahrt wird.

Von dem nicht weit von Gera, bei Pohlitz, am 13. Oktober [1819] gefallenen Meteorstein, werde ich, so sehr ich es auch wünschte, wohl schwerlich Gelegenheit haben, ein Bruchstück für meine Sammlung zu bekommen, da die Regierung in Gera ihn in Beschlag genommen, und auf der dortigen Schulbibliothek als etwas Unantastbares niedergelegt hat.

Heute befinden sich Bruchstücke dieses Meteoriten in verschiedenen Museen der DDR.

Zu dem Meteoritenwerk von 1819 erschienen aus Chladnis Feder bis 1827 mehrere Nachträge in der Zeitschrift „Annalen der Physik", die den Zweck verfolgten, die Meteoritenfunde und -fälle möglichst vollständig und aktuell zu erfassen.

Von Wien aus machte Chladni einen Abstecher nach Budapest und kehrte über Brünn, Prag, Dresden nach Kemberg zurück. In Dresden kam es noch einmal zum Versuch, Chladni eine feste Anstellung zu verschaffen, diesmal als Inspektor des damals noch im Schloß untergebrachten „Grünen Gewölbes". Aber auch diese Bemühungen scheiterten schließlich.

1821 erschien in Leipzig ein weiteres Buch mit dem Titel „Beiträge zur praktischen Akustik und zur Lehre vom Instrumentbau", in dem Chladni über 20 Jahre nach Erfindung seiner Musikinstrumente den genauen Bau des Euphons und des Clavicylinders – auch mit Abbildungen – der Öffentlichkeit bekanntgab. Durch die Aufnahme des Meteoritenthemas in sein Vortragsprogramm war er nicht mehr ausschließlich auf die Darbietungen mit seinen Instrumenten angewiesen. 1820 war jedoch auch schon der Höhepunkt der Beliebtheit dieser Friktionsinstrumente vorüber, die eine ausgesprochene Modeerscheinung waren. Das gilt ebenso für die von anderen Instrumentenbauern hergestellten Musikinstrumente dieses Typs, die alle im Prinzip dem Euphon und dem Clavicylinder ähnlich waren. Die verschiedenen Abarten unterscheiden sich meistens nur hinsichtlich des Materials für die Klangstäbe und die Walze.

Chladnis kürzere Reisen in den letzten Lebensjahren führten ihn u. a. nach Weimar, Gotha, Göttingen, Bremen, Hamburg und Berlin. Sicher ist ihm nun diese Lebensweise nicht mehr leicht gefallen. Nach einem Besuch Chladnis in Bremen bei Olbers schrieb dieser am 22. Juni 1824 an Carl Friedrich Gauß:

Es ist doch wirklich traurig, daß dieser in mancher Hinsicht verdiente Mann von keiner Regierung irgendeine Anstellung, irgendein Gehalt erhält, und er sich nun noch in seinem 67. Jahre auf *solche* Art sein notdürftiges Auskommen suchen muß. [18, S. 372]

Von März bis Mai 1825 hielt sich Chladni wieder in Berlin auf. Dort betrieb der junge Mineraloge Gustav Rose intensive Meteoritenforschung, für die sich Chladni besonders interessierte. Der Architekt Carl Theodor Ottmer zeigte ihm die auf Karl Friedrich Schinkel zurückgehenden Pläne für das zukünftige Gebäude der Singakademie (dem heutigen Maxim-Gorki-Theater). Hinsichtlich der zu erwartenden Hörsamkeit sprach sich Chladni nach Prüfung dieser Pläne lobend aus.

Im August 1825 machte Chladni sein Testament und stiftete darin seine Meteoritensammlung dem Berliner Mineralogischen Museum. Das freundschaftliche Verhältnis zu Rose mag für diese Entscheidung ausschlaggebend gewesen sein. Die Sammlung befindet sich heute – teilweise noch mit den Originaletiketten Chladnis – im Museum für Naturkunde der Humboldt-Universität Berlin und ist für dieses als zentrale Sammel- und Forschungsstätte in der Deutschen Demokratischen Republik für Meteorite eine besondere Verpflichtung.

1826 beendete Chladni das Manuskript zu seinem letzten Buch „Kurze Übersicht der Schall- und Klanglehre", das 1827 in Mainz erschien. Es ist ein Kompendium der Akustik, nimmt Bezug auf seine früheren Bücher akustischen Inhalts und bringt eine reiche Sammlung von Literaturhinweisen sowie eine Besprechung der akustischen Arbeiten aller Forscher, die nach 1802 an den Problemen gearbeitet haben. Die ersten Messungen der Schallgeschwindigkeit im Wasser konnten nicht mehr erwähnt werden. Sie fanden im November 1826 durch den Physiker Jean Daniel

Colladon und den Mathematiker Jacob Karl Franz Sturm im Genfer See statt und wurden erst 1827 publiziert.
Chladnis letzte Reise ging am Jahresende 1826 von Kemberg über Berlin nach Breslau (heute Wrocław). In Berlin hörte er am 2. Januar 1827 in dem eben fertiggestellten, aber noch nicht eingeweihten Saal der Singakademie ein Probekonzert und sprach sich lobend über die Hörsamkeit des Raumes aus.
Aus Breslau schrieb er am 28. März 1827 in einem Brief:

Bis zum 14. April bleibe ich noch hier; hernach gehe ich nach Frankfurt an der Oder, wo ich, wenn Vorlesungen zustandekommen, einige Wochen zu bleiben und sodann über Berlin wieder zurückzureisen gedenke. [12, S. 307]

Es sollte jedoch ganz anders kommen. Über Chladnis letzte Lebensstunden sind wir durch den Umstand unterrichtet, daß er am Abend vor seinem Tod bei dem Breslauer Mineralogen und Naturphilosophen Henrik Steffens eingeladen war und dieser in seinen Memoiren über den Besuch berichtet hat. Es war der 3. April 1827. Steffens schrieb:

Chladni hatte in Breslau eine Menge Zuhörer erworben, und es gelang mir, für ihn ein ansehnliches Diner zu veranstalten ... Ein solches Ereignis stimmte ihn sehr heiter, und seine Unterhaltungen in den Abendstunden, die er bei·mir zubrachte, waren äußerst fröhlich. Oft sprach ich mit ihm über seine Lage und wie bedenklich, ja gefährlich sie jetzt in seinem siebenzigsten Jahre zu werden anfinge. Er war aber völlig unbesorgt. Gasthöfe und wechselnde Wohnungen waren ihm so zur Gewohnheit geworden, wie die stille Bücherstube anderen alten Gelehrten.
Eines Abends, zur gewöhnlichen Teestunde, traf er mit mehreren Freunden bei mir zusammen; das Gespräch war lebhaft und die Unterhaltung zog meine Gäste so an, daß sie sich erst ungewöhnlich spät trennten. Chladni war in seinen Genüssen äußerst mäßig; an diesem Abend trank er mehr Tee als gewöhnlich, die Rede kam auf das Sterben und er äußerte den Wunsch, schnell und unvermutet der Erde entruckt zu werden ...
Der Musikdirektor Mosewius, mein Freund, begleitete ihn nach seiner Wohnung ... Den anderen Morgen um 6 Uhr ward ich durch einen Boten geweckt. Die Wirtin hatte, wie gewöhnlich, das Frühstück heraufgetragen und fand Chladni vom Schlage getroffen in einer Ecke auf dem Fenstertritt hingestreckt ...
Der Schlagfluß hatte ihn schon am späten Abend, kurz nachdem er die Gesellschaft verlassen, getroffen ... [20, S. 259]

Auf dem Elisabethkirchhof der damaligen Nikolaivorstadt in Breslau fand er am 7. April 1827 seine letzte Ruhestätte.

62

Nachwirkungen

Chladni hat das Erz zu seinem Denkmal aus den Welträu-
men gesammelt und mit den flüchtigen Figuren des Klanges
bezeichnet.

H. Steffens

Wie bei allen großen Naturforschern, so hat auch Chladnis Werk
Wirkungen bis in die Gegenwart hinein. Zunächst ist auffallend,
daß Chladni der Initiator einer umfassenden wissenschaftlichen
Tätigkeit auf dem Gesamtgebiet der Akustik war. Vergleicht man
den Inhalt seines Werkes „Die Akustik" mit dem der Erstauflage
des nur 60 Jahre später erschienenen Buches von Helmholtz „Die
Lehre von den Tonempfindungen", so wird der große Fortschritt
in der wissenschaftlichen Erkenntnis in so kurzer Zeit deutlich.
Direkt an Chladni knüpften die Arbeiten von Michael Faraday
im Jahre 1831 an. Wie schon berichtet, lagern sich bei den
Plattenschwingungen ganz leichte Teilchen (z. B. Bärlappsamen)
gerade an den Stellen der größten Elongation. Faraday erklärte
das durch Luftströme über der schwingenden Platte, die nur die
leichtesten Teilchen mitreißen können, während der schwere Sand
von ihnen nicht bewegt werden kann. Wird der Versuch im
Vakuum durchgeführt, so sammeln sich sowohl der Sand als auch
der Bärlappsamen an den Knotenlinien.
Der Einfluß von Chladnis „Traité d' Acoustique" auf die Forschungen in Frankreich zeigt sich besonders in den Arbeiten von
Felix Savart, den man als den direkten Nachfolger Chladnis auf
dem Gebiet der experimentellen Akustik in Frankreich ansehen
kann. Mit einer von ihm gebauten Zahnradsirene von 82 cm
Durchmesser und 720 Zähnen war eine ziemlich exakte Frequenz-
messung bestimmter Töne möglich. Es gelang ihm aber auch die
Bestimmung der oberen Hörgrenze, für die er die hohe Frequenz
von 24 000 Hz angab.
Ein zu Chladnis Zeiten noch ungelöstes Problem war das der
Klangfarbe. Es war natürlich schon lange bekannt, daß ein Klang
derselben Höhe von verschiedenen Instrumenten eine jeweils
andere Qualität besitzt. Chladni vermutete die Existenz „schwa-
cher Geräusche" bei jedem Klang, die für die unterschiedliche

Klangfarbe verantwortlich sind. Erst Georg Simon Ohm hat 1843 das Problem durch die sog. Fourierzerlegung eines Klanges im Ohr und durch das Intensitätsverhältnis der Obertöne zum Grundton erklärt, wobei Phasenbeziehungen zwischen den Obertönen keine Rolle spielen. Die Obertöne sind übrigens ein Untersuchungsgegenstand der Akustik, dessen Bedeutung Chladni stark unterschätzte.

Direkt an Chladni knüpfte auch August Kundt 1866 mit seiner Methode der Schallgeschwindigkeitsmessung in Gasen oder Flüssigkeiten an. Dazu verband er die Methode der Dehnwellen in Stäben mit der Sichtbarmachung der stehenden Wellen mittels Bärlappsamen oder Aluminiumpulver.

Die mathematische Behandlung der Biegeschwingungen von Platten hat sich als ein äußerst kompliziertes mathematisches Problem herausgestellt. Im Zusammenhang mit Sophie Germains Aufstellung der Differentialgleichung 1815 und ihrem Scheitern am Problem der Randbedingungen sagte Chladni im Band 17 der „Allgemeinen musikalischen Zeitung" (Leipzig) vom gleichen Jahr:

In Deutschland möchte wohl Gauß derjenige sein, welcher so schwierigen Untersuchungen am meisten gewachsen wäre, wenn er das Talent, welches er auf einen noch wichtigeren Gegenstand, auf neue Methoden, die Bahnen der Weltkörper zu bestimmen, angewendet hat, hierauf hatte anwenden wollen.

Die Arbeit, mit der Sophie Germain 1816 den ersten Preis errang, war übrigens nicht ihr erster Versuch zur Lösung des Problems. Der von der Französischen Akademie gestellte erste Abgabetermin für die Lösung der Preisaufgabe (1. Oktober 1811) mußte zweimal verlängert werden (1. Oktober 1813 und 1. Oktober 1815), weil die eingereichten Arbeiten den Anforderungen nicht genügten. Zu jedem Termin gab Sophie Germain Lösungen ab, die sie jedesmal verbesserte und weiterentwickelte. Daß an dem Prozeß der Klärung auch Lagrange beteiligt war, beweisen ihre eigenen Worte:

Schon beim ersten Anblick der Chladnischen Experimente schien mir die mathematische Begründung dieser Erscheinungen möglich ... Weder das Bewußtsein meiner Unfähigkeit, noch der Mangel systematischer Schulung in der Analysis, noch auch die kurze Frist, die mir noch bis zum Termin der Bewerbung [Oktober 1811] übrig blieb, konnten mich davon abhalten, der Akademie eine Denkschrift zu überreichen. In derselben entwickelte ich die

Hypothese, die ich mir gebildet hatte. Ich war davon überzeugt, daß sie einige Beachtung verdiente, und es lag mir sehr viel daran, sie dem Urteil der Akademie zu unterbreiten. Ich hatte schwere Fehler darin gemacht, die man übrigens auf den ersten Blick erkennen mußte. Man hätte daraufhin die ganze Arbeit verwerfen können, ohne sich der Mühe einer weiteren Durchsicht zu unterziehen. Glücklicherweise erkannte Lagrange, der zur Prüfungskommission gehörte, den Grundgedanken und leitete daraus die Gleichung ab, die ich hätte finden müssen, wenn ich die Regeln der mathematischen Rechnung genau beachtet hätte. Als ich sah, daß dieser große Mathematiker, den bis dahin selbst die Schwierigkeiten der Untersuchung abgeschreckt hatten, der von mir aufgestellten Hypothese eine wissenschaftliche Tragweite zuschrieb, gewann sie in meinen Augen einen hoheren Wert ... Von Neuem stellte die Akademie dieselbe Preisaufgabe und gab dazu eine Frist von zwei Jahren. [25, S. 412]

Auch eine Theorie des großen Mathematikers Poisson aus dem Jahre 1829 brachte noch keine vollständige Lösung. Erst Gustav Robert Kirchhoff konnte 1850 die Schwingungen kreisförmiger Platten mit freiem Rand mathematisch streng behandeln, während man für rechteckige Platten mit freiem Rand bis 1953 auf Näherungsmethoden angewiesen war [23]. Bei Biegeschwingungen von Kristallplatten treten noch zusätzliche Schwierigkeiten auf, die bis heute nur in Näherung gelöst werden konnten [23]. Auf die Schwingungen piezoelektrischer Kristalle und ihre Anwendung in Elektroakustik, Hochfrequenz- und Ultraschalltechnik sei hier nur kurz hingewiesen.

Seit Chladnis Zeiten wird jeder Meteoritenfund registriert, jeder Fall untersucht, und die herabgefallenen Massen werden chemisch und physikalisch analysiert. Inzwischen sind in den Museen und Sammlungen der Welt etwa 2 300 Meteorite zu sehen. Das ist nicht Selbstzweck. Die Untersuchung der aus dem Weltraum zu uns gelangten Massen gibt wertvolle Aufschlüsse über die Entwicklung der Materie im Kosmos und liefert Anhaltspunkte zur Geschichte der Erde und des Planetensystems. Viel größer ist die Zahl der außerdem in der Antarktis gefundenen Meteorite. Seit dem Beginn der Forschung in diesem Erdteil bis Ende 1980 fand man dort im Eis 5 700 Stücke, die meisten jedoch von sehr kleiner Masse.

Von den schon erwähnten drei Meteoritenarten, nämlich Steinmeteorite, Stein-Eisenmeteorite und Eisenmeteorite, sind die Steinmeteorite mit 92% die häufigsten, während die Stein-Eisenmeteorite mit 2% und die Eisenmeteorite mit 6% weitaus seltener

sind. Diese Zahlen gelten jedoch nur für solche Massen, deren Fall auch beobachtet wurde, d. h., sie geben etwa die Häufigkeit an, mit der sie im Weltraum wirklich vorkommen. Bei der Untersuchung derjenigen Meteorite, deren Niedergang nicht beobachtet wurde, stellt sich der Anteil der Eisenmeteorite wegen ihrer leichten Erkennbarkeit in der Natur als viel höher heraus, er liegt bei 66%, während in diesem Fall der Anteil der Steinmeteorite bei 26% und der der Stein-Eisenmeteorite bei 8% liegt.
Meteorite mit einer Masse zwischen 2 mg und 2 g rufen die schwachen Leuchterscheinungen der Sternschnuppen hervor; die Durchmesser dieser Körper liegen zwischen 1 und 10 mm.
Die Steinmeteorite teilen sich in zwei Hauptgruppen. Bei der einen Gruppe – den Chondriten – sind in einer Grundmasse aus verschiedenen Silikaten und etwas Nickeleisen kleine Kügelchen (griechisch „chondros", Körnchen) aus den Silikaten Olivin und Pyroxen von Millimetergröße eingebettet, bei der anderen Gruppe – den Achondriten – fehlen sie, auch sind die Achondrite ohne metallisches Eisen.
Durch Beobachtung der Bahnen der Meteorite konnte bei einigen dieser Gebilde aus den Bahndaten der Ursprungsort ermittelt werden. Er liegt für den größten Teil der Meteorite im Raum des Planetoidengürtels. Die Mutterkörper dieser Meteorite stammen also aus diesem Raum.
Mit Hilfe der radioaktiven Altersbestimmung errechnete man für die Meteorite ein Alter von 4,5 Milliarden Jahren. Das ist ein Wert, wie er auch als Alter für die Erde und die anderen Planeten gefunden wurde.
Bei den größeren Meteoritenmutterkörpern kam es nun durch radioaktive Wärmeproduktion im Innern zu Aufschmelz- und Differentiationsvorgängen. Es trat eine Stofftrennung innerhalb dieser Körper ein. Das schwere Material – Eisen und Nickel – sammelte sich unter dem Einfluß der Schwere im Zentrum, die leichteren Silikate gelangten in die Außenbezirke. Mit dem Nachlassen der Wärmebildung kam es zur Abkühlung.
Durch Kollisionen sind solche Meteoritenmutterkörper aufgebrochen worden. Die Teile kollidierten weiter miteinander, dadurch ergaben sich Bahnveränderungen. Kommen die Endprodukte auf diese Weise in Erdnähe, so können sie eingefangen werden. Es ereignet sich ein Meteoritenfall. Die Kollisionen können durch

66

starke Deformationen im Mineralgefüge des Meteoriten nachgewiesen werden.

Ein weiterer Beleg für eine stattgefundene Zertrümmerung ergibt sich aus dem Bestrahlungsalter. Untersucht man die Wirkung der im Kosmos vorhandenen Korpuskularstrahlung auf die Meteorite, so stellt man fest, daß sie teils stabile, teils radioaktive Reaktionsprodukte hinterläßt. Die kosmische Strahlung kann die großen Meteoritenmutterkörper nicht durchdringen. So findet man aus dem Mengenverhältnis der Reaktionsprodukte, daß Meteorite erst seit einigen Millionen Jahren der Wirkung der kosmischen Strahlung ausgesetzt sind. In diese Richtung weist aber auch die Entdeckung einer Abkühlungsgeschwindigkeit von nur 1–10 Grad pro Jahrmillion nach dem Aufschmelzvorgang bei den Eisenmeteoriten, die nur bei Himmelskörpern mit einem Durchmesser von mindestens 100–200 Kilometern so gering sein kann.

Chondrite sind undifferenziertes Material, sie sind nicht aufgeschmolzen worden und ähneln – von den leichtflüchtigen Elementen abgesehen – in ihrer Zusammensetzung der Sonnenmaterie. Im solaren Urnebel kam es während seiner Abkühlung zur Bildung fester und flüssiger Partikel. Man nimmt heute an, daß die Chondren ganz frühe Phasen der Materiekondensation sind, wobei die Kondensation über die flüssige Phase erfolgte. Die Chondrite sind daher praktisch unveränderte Informationsträger aus der Zeit vor der Bildung der Planeten. Sie stammen aus den weniger tiefen Teilen der Mutterkörper. Alle anderen Meteoritentypen bestehen aus differenziertem Material, wobei das ursprüngliche Material je nach Größe des Meteoritenmutterkörpers mehr oder weniger stark umgewandelt wurde.

Vergleicht man den eben geschilderten Stand der Meteoritenforschung heute mit den Vorstellungen Chladnis in dieser Frage, so ist man auch in diesem Punkt über den Weitblick des Wittenberger Physikers überrascht. Es ist doch sehr bemerkenswert, daß Chladni auf zwei voneinander so entfernten Gebieten wie Akustik und Meteoritenkunde Hervorragendes geleistet hat. Schon Goethe hat darauf gern Bezug genommen. Er mußte sich in seinen naturwissenschaftlichen Arbeiten oft wegen seiner Mehrgleisigkeit kritisieren lassen. Mit Ausnahme der Astronomie hat sich ja Goethe um alle Bereiche der Naturwissenschaften bemüht. In den Heften „Zur Morphologie" schrieb der Weimarer Dichter 1817 – also noch zu Lebzeiten Chladnis – einen Aufsatz „Schicksal der Handschrift", in dem es am Schluß heißt:

Wer darf mit unserm Chladni rechten, dieser Zierde der Nation? Dank ist ihm die Welt schuldig, daß er den Klang allen Körpern auf jede Weise zu entlocken, zuletzt sichtbar zu machen verstanden. Und was ist entfernter von diesem Bemühen, als die Betrachtung des atmosphärischen Gesteins. Die Umstände der in unsern Tagen häufig sich erneuernden Ereignisse zu kennen und zu erwägen, die Bestandteile dieses himmlisch-irdischen Produkts zu entwickeln, die Geschichte des durch alle Zeiten durchgehenden wunderbaren Phänomens aufzuforschen, ist eine schöne, würdige Aufgabe. Wodurch hängt aber dieses Geschäft mit jenem zusammen? Etwa durchs Donnergeprassel, womit die Atmosphärilien zu uns herunterstürzen? Keineswegs, sondern dadurch, daß ein geistreicher, aufmerkender Mann zwei der entferntesten Naturvorkommenheiten seiner Betrachtung aufgedrungen fuhlt, und nun eines wie das andere stetig und unablässig verfolgt. Ziehen wir dankbar den Gewinn, der uns dadurch beschert ist. [21, S. 234]

Chronologie

1756	30. November: Ernst Florens Friedrich Chladni wird in Wittenberg, Mittelstraße 5, geboren.
1756—63	Siebenjähriger Krieg. Wittenberg erlebt schwere Zerstörungen.
1761	6. März: Tod der Mutter Johanna Sophia, geb. Clement. Zweitehe des Vaters mit Johanna Charlotte Greipziger.
1771	8. Mai: Beginn der Schulzeit in Grimma.
1774	21. Marz: Chladni·beendet seine Schulzeit in Grimma.
1776	Beginn des Jurastudiums in Wittenberg.
1781	Chladni promoviert zum Dr. phil. in Leipzig.
1782	Beendigung des Studiums in Leipzig. Chladni promoviert zum Dr. jur. in Leipzig.
	4. März: Tod des Vaters Ernst Martin. Rückkehr nach Wittenberg. Beginn der Experimentaluntersuchungen von Stab- und Plattenschwingungen.
1787	In Leipzig erscheint: „Entdeckungen über die Theorie des Klanges". Erste Beschreibung der Klangfiguren.
1789	14. Juli: Sturm auf die Bastille in Paris. Beginn der Französischen Revolution.
1790	Das erste Euphon wird fertiggestellt.
1791	Beginn der Reise- und Vortragstätigkeit Chladnis.
1792	Januar bis Februar: Erster Aufenthalt in Berlin.
	Dezember 92 bis Ende Januar 93 Aufenthalt in Gottingen; Begegnungen mit Lichtenberg.
1793	Chladni beschäftigt sich das erste Mal mit der Frage nach dem Ursprung der Meteorite.
1794	Ostern: In Leipzig bzw. Riga erscheint Chladnis erstes Meteoritenwerk: „Über den Ursprung der von Pallas gefundenen und anderer ihr ähnlichen Eisenmassen". Reise nach Rußland.
	31. Mai: Akustischer Vortrag vor Mitgliedern der Akademie der Wissenschaften in Petersburg (heute Leningrad).
1800	Erste Vorfuhrung des Clavicylinders.
1801	21. April: Tod der Stiefmutter Johanna Charlotte, geb. Greipziger. Umzug in das Haus Schloßstraße 10.
1802	In Leipzig erscheint „Die Akustik".
1803	26. Januar: Erster Besuch bei Goethe in Weimar. Gespräche uber akustische Probleme.
1806	14. Oktober: Schlacht bei Jena und Auerstedt. Chladni hört in Wittenberg den Kanonendonner der Schlacht.
1808	Dezember: Eintreffen in Paris.
1809	Februar: Chladni führt Napoleon, Laplace, Lacépède und Ber-

thollet die Klangfiguren und den Clavicylinder vor. Übersetzung der „Akustik" ins Französische.

November: In Paris erscheint „Traité d'Acoustique".

1810 März: Chladni verläßt Paris und reist über die Schweiz nach Italien.

Oktober: Eintreffen in Turin.

1811 Aufenthalt und Vorträge u. a. in Bologna, Florenz und Venedig.

1812 Heimreise über Munchen, Wien und Karlsbad.

Oktober: Rückzug Napoleons aus Rußland.

1813 Beginn der Befreiungskriege. Wittenberg wird franzosische Festung. Umzug Chladnis nach Kemberg.

September: Beginn der Beschießung Wittenbergs durch die Preußen.

1816 Chladni nimmt das Meteoritenthema in sein Vortragsprogramm auf.

1817 In Leipzig erscheint „Neue Beiträge zur Akustik".

1819 In Wien erscheint „Über Feuermeteore, und uber die mit denselben herabgefallenen Massen".

1821 In Leipzig erscheint „Beitrage zur praktischen Akustik und zur Lehre vom Instrumentenbau", worin der genaue Bau des Euphons und Clavicylinders erstmalig beschrieben wird.

1825 August: Chladni macht sein Testament und stiftet seine Meteoritensammlung dem Berliner Mineralogischen Museum.

1826 Chladnis letzte Reise von Kemberg nach Berlin.

1827 2. Januar: Teilnahme am Probekonzert fur die Einweihung des Gebäudes der Singakademie in Berlin. Weiterreise nach Breslau (heute Wroclaw).

3. April: Tod in Breslau.

In Mainz erscheint „Kurze Übersicht der Schall- und Klanglehre".

Literatur (Auswahl)

Aus der Fülle der Literatur kann nur eine Auswahl gegeben werden. Zitate im Text erfolgen in moderner Orthographie. Die folgenden Literaturangaben tragen Nummern, die sich zusammen mit der betreffenden Seitenzahl auch am Ende des Zitats finden.

A. Schriften Chladnis

[1] Entdeckungen über die Theorie des Klanges. Leipzig 1787. Reprint Leipzig 1980.

[2] Über den Ursprung der von Pallas gefundenen und anderer ihr ähnlichen Eisenmassen, und über einige damit in Verbindung stehende Naturerscheinungen. Leipzig bzw. Riga 1794.

[3] Wiederabdruck des Werkes [2] unter dem Titel „Über den kosmischen Ursprung der Meteorite und Feuerkugeln (1794)", mit Erlauterungen von Günter Hoppe. Ostwalds Klassiker der exakten Wissenschaften. Band 258. Leipzig 1979.

[4] Über die Longitudinalschwingungen der Saiten und Stäbe. Erfurt 1796.

[5] Die Akustik. 1. Aufl. Leipzig 1802. 2. Aufl. Leipzig 1830.

[6] Traité d'Acoustique. 1. Aufl. Paris 1809. 2. Aufl. Paris 1812.

[7] Neue Beiträge zur Akustik. Leipzig 1817. Reprint Leipzig 1980.

[8] Über Feuer-Meteore, und über die mit denselben herabgefallenen Massen. Wien 1819.

[9] Beiträge zur praktischen Akustik und zur Lehre vom Instrumentenbau, enthaltend die Theorie und Anleitung zum Bau des Clavicylinders und damit verwandter Instrumente. Leipzig 1821. Reprint Leipzig 1980.

[10] Über meine Aufnahme bei Napoleon und sonst in Paris. Cäcilia 5 (1826) 137–144.

[11] Kurze Übersicht der Schall- und Klanglehre, nebst einem Anhang, die Entwicklung und Anordnung der Tonverhältnisse betreffend. Mainz 1827.

[12] Autobiographie (verwendet als Nekrolog). Cäcilia 6 (1827) 297–308.

B. Biographisches

[13] Weber, Wilhelm: Lebensbild E. F. F. Chladnis. Allgemeine Enzyklopädie der Wissenschaften und Künste (J. S. Ersch und J. G. Gruber). Bd. 21. Artikel Chladni. Leipzig 1830. Wiederabdruck in: Wilhelm

Webers Werke. Bd. 1: Akustik, Mechanik, Optik und Wärmelehre. Berlin 1892. (Die im Text angegebene Seitenzahl bezieht sich auf den Wiederabdruck.)

[14] Bernhardt, Wilhelm: Dr. Ernst Chladni, der Akustiker. Wittenberg 1856.

[15] Melde, Franz: Über Chladnis Leben und Wirken, nebst einem chronologischen Verzeichnis seiner literärischen Arbeiten. 2. Aufl. Marburg 1888.

[16] Ebstein, Erich: Aus Chladnis Leben und Wirken. Mitteilungen zur Geschichte der Medizin und der Naturwissenschaften 4 (1905) 438–460.

[17] Loewenfeld, K.: E. F. F. Chladni. Skizze von Leben und Werk. Abhandlungen aus dem Gebiet der Naturwissenschaften (Naturwiss. Verein Hamburg) 22 (1929) 117–144.

[18] Schimank, Hans: Beiträge zur Lebensgeschichte von E. F. F. Chladni. Sudhoffs Archiv für die Geschichte der Medizin und der Naturwissenschaften 37 (1953) 370–376.

[19] Hoppe, Günter: Das Pallas-Eisen, ein Ausgangspunkt für die Meteoritentheorie E. F. F. Chladnis (1794). Zeitschrift für geologische Wissenschaften (Berlin) 4 (1976) 521–528.

[20] Hoppe, Günter: Ernst Florens Friedrich Chladni. Zum 150. Todestag des Begründers der Meteoritenkunde. Chemie der Erde 36 (1977) 249–262.

[21] Hoppe, Günter: Goethes Ansichten über Meteorite und sein Verhältnis zu dem Physiker Chladni. Goethe-Jahrbuch 95 (1978) 227–240.

[22] Ullmann, Dieter: Chladnis Italienreise nach Briefen an J. P. Schulthesius. NTM-Schriftenreihe für Geschichte der Naturwissenschaften, Technik und Medizin (Leipzig) 19 (1982) H. 2, S. 51–57.

C. Sonstige Fachliteratur

[23] Kirchhoff, Gustav: Über das Gleichgewicht und die Bewegung einer elastischen Platte. Journal für die reine und angewandte Mathematik 40 (1850) 51–88. Über die Schwingungen einer kreisförmigen elastischen Scheibe. Annalen der Physik und Chemie, 3. Reihe 81 (1850) 258–264.
Iguchi, Shikazo: Die Eigenschwingungen und Klangfiguren der vierseitig freien rechteckigen Platte. Ingenieur-Archiv 21 (1953) 303–322.
Voigt, Woldemar: Die Grundschwingungen kreisförmiger Klangplatten aus Kristallen. Nachrichten von der Königl. Gesellschaft der Wissenschaften zu Göttingen, math.-phys. Klasse 1915 (1916) 345–391.
Schuster, Kurt; Vosahlo, H.: Zur Berechnung der Biegeschwingungen quadratischer Kristallplatten. Acustica. Akustische Beihefte 1959, Heft 1, 265–269.
Kluge, Gerhard: Biegeschwingungen quadratischer Kristallplatten. Jenaer Jahrbuch 1961, II, 295–323.

[24] Heide, Fritz: Kleine Meteoritenkunde. 2. Aufl. Berlin/W. 1957 (Verständliche Wissenschaft Bd. 23).

Hoppe, Günter: Gesamtkatalog der in der Deutschen Demokratischen Republik vorhandenen Meteorite. Wiss. Zeitschrift der Humboldt-Universität Berlin, math.-naturwiss. Reihe, 24 (1975) 521–569.

Dorschner, Johann: Planeten – Geschwister der Erde? Leipzig/Jena/Berlin 1977 (Reihe akzent Nr. 27).

Reichstein, Manfred: Die Erde – Planet unter Planeten. Berlin 1979.

[25] Szabó, István: Geschichte der mechanischen Prinzipien und ihrer wichtigsten Anwendungen. Basel 1977 (Wissenschaft und Kultur Bd. 23).

Personenregister

(Dieses Register erstreckt sich nicht auf das Literaturverzeichnis)